螳螂目（螳螂）

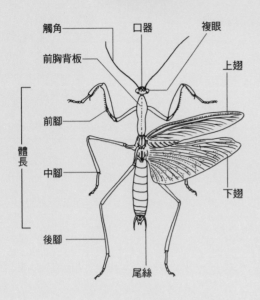

觸角
口器
複眼
前胸背板
上翅
前腳
中腳
下翅
後腳
尾絲
體長

膜翅目（蜂）

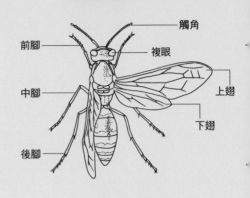

觸角
前腳
複眼
中腳
上翅
下翅
後腳

蜚蠊目（蟑螂）

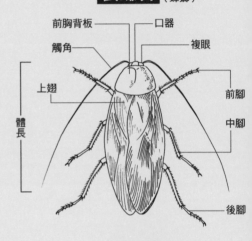

前胸背板
口器
觸角
複眼
上翅
前腳
中腳
體長
後腳

鱗翅目（蝴蝶）

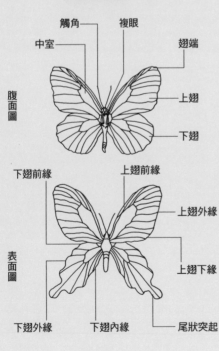

觸角
複眼
中室
翅端
上翅
下翅
腹面圖
下翅前緣
上翅前緣
上翅外緣
表面圖
上翅下緣
下翅外緣
下翅內緣
尾狀突起
展翅寬

直翅目（蝗蟲）

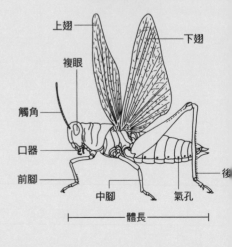

上翅
下翅
複眼
觸角
口器
前腳
中腳
氣孔
後
體長

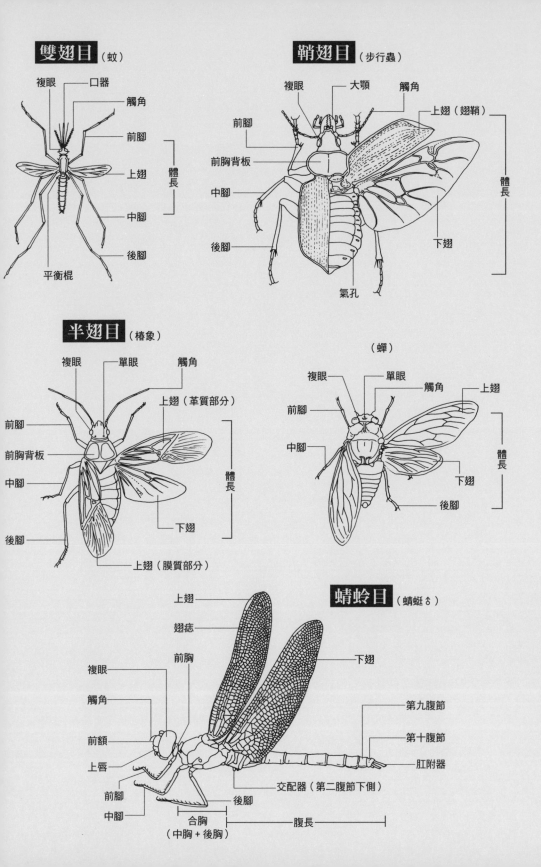

雙翅目（蚊）

複眼
口器
觸角
前腳
上翅
體長
中腳
後腳
平衡棍

鞘翅目（步行蟲）

複眼
大顎
觸角
前腳
上翅（翅鞘）
前胸背板
中腳
下翅
後腳
體長
氣孔

半翅目（椿象）

複眼
單眼
觸角
上翅（革質部分）
前腳
前胸背板
中腳
體長
後腳
下翅
上翅（膜質部分）

（蟬）

複眼
單眼
觸角
上翅
前腳
中腳
體長
下翅
後腳

蜻蛉目（蜻蜓♂）

上翅
翅痣
前胸
下翅
複眼
觸角
第九腹節
前額
第十腹節
上唇
肛附器
交配器（第二腹節下側）
前腳
中腳
後腳
腹長
合胸
（中胸＋後胸）

昆蟲
觀察入門
Guide of Insects

張永仁◆撰文、生態攝影
台灣館◆製作

遠流出版公司

目錄

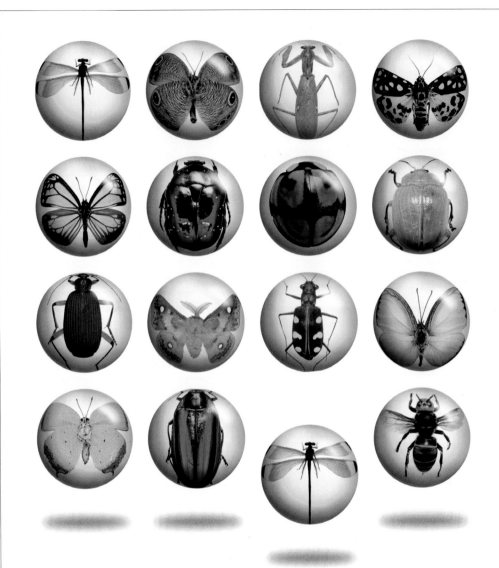

方法篇

如何和昆蟲相識？

　　想和昆蟲做朋友，首先，得先知道牠是誰？叫什麼名字？可是身邊與戶外環境裡的昆蟲實在太多了，該從何認識起呢？別擔心，以下便藉由「方法篇」的「昆蟲大類辨識法」，引領大家輕鬆進入豐富有趣的昆蟲世界。

　　「昆蟲大類辨識法」採用直覺對照的方式，配合「觀察篇」的要訣分析，讓你在最短時間內認識台灣最常見的四十二大類昆蟲，數量雖不多，卻是深入昆蟲堂奧的第一步。尤其當你在戶外看見一隻翅膀交疊出三角圓錐形的小昆蟲，而能脫口叫出「啊！是椿象！」時，便表示你已經抓住其中奧妙了。

大類辨識法

　　從第6頁到第11頁，展列了台灣較常見的九目、四十二類昆蟲的標本照片，每張照片大致都具有該類昆蟲的主要特徵。碰到昆蟲時，只要迅速查閱此六頁，依直覺找出外觀最相近的類型，再翻到指示的頁碼，詳讀內容即可。

①找出最近似的昆蟲大類。
②翻到所註的頁碼，比對內容。

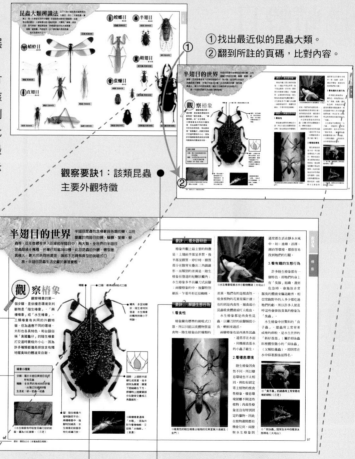

觀察要訣1：該類昆蟲主要外觀特徵

● 該目昆蟲概說

● 該類昆蟲概說

● 該類昆蟲小檔案：包含分類地位、世界與台灣之種數、生活史過程。

● 標本資料

昆蟲身體細部解讀：以該類典型昆蟲標本照片拉線說明。局部線圖強化說明細部特徵；虛線表示標本拍攝角度無法看到所指部位之全貌。

● 觀察要訣2：該類昆蟲主要生態習性，包含食性、棲息環境、自衛法、交配產卵行為、幼蟲習性等。

昆蟲大類辨識法

以下六頁介紹的是台灣常見的九個目、四十二大類昆蟲。事實上，每一大類都包含許多種類，各個種類也都有外觀差異，但這裡出現的標本，大都能看出該大類的特徵，只要用「直覺」直接比對，即可辨識。確認類型後，再根據所提供的大類頁碼，查閱「觀察篇」內容即可。以下標本圖片是該昆蟲的大致原來尺寸。

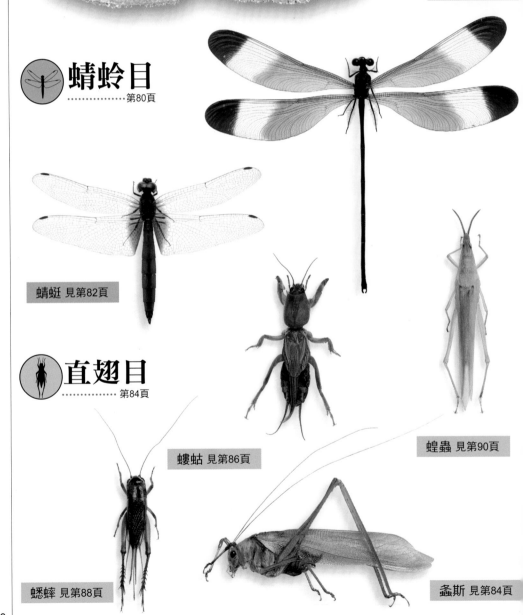

豆娘 見第80頁

蜻蛉目
············第80頁

蜻蜓 見第82頁

直翅目
············第84頁

螻蛄 見第86頁

蝗蟲 見第90頁

蟋蟀 見第88頁

螽斯 見第84頁

螳螂目
·········· 第92頁

螳螂 見第92頁

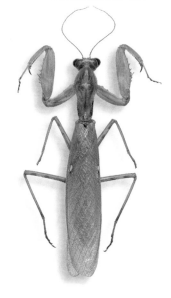

 # 半翅目
·········· 第96頁

椿象 見第96頁

蟬 見第98頁

 # 鞘翅目
·········· 第100頁

步行蟲 見第100頁

 # 蜚蠊目
·········· 第94頁

蟑螂 見第94頁

虎甲蟲 見第102頁

龍蝨 見第104頁

埋葬蟲 見第106頁

鍬形蟲 見第108頁

金龜子 見第110頁

吉丁蟲 見第112頁

叩頭蟲 見第114頁

瓢蟲 見第116頁

芫菁 見第118頁

象鼻蟲 見第126頁

天牛 見第122頁

金花蟲 見第124頁

擬步行蟲 見第120頁

雙翅目
·············· 第128頁

蠅 見第128頁

蚊 見第130頁

虻 見第132頁

鱗翅目
.... 第134頁

小灰蝶 見第142頁

鳳蝶 見第134頁

蛇目蝶 見第140頁

粉蝶 見第136頁

蛺蝶 見第144頁

斑蝶 見第138頁

挵蝶 見第146頁

尺蛾 見第148頁

天蛾 見第152頁

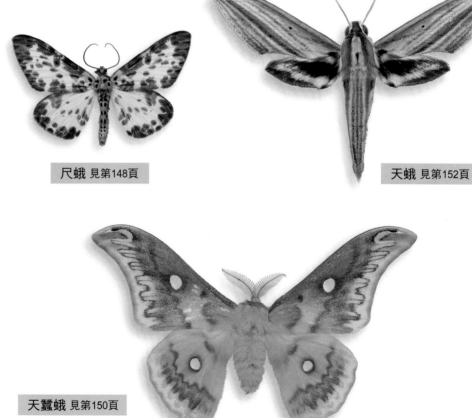

天蠶蛾 見第150頁

裳蛾 見第154頁

燈蛾 見第156頁

夜蛾 見第158頁

 膜翅目
⋯⋯⋯⋯第158頁

蟻 見第160頁

蜂 見第162頁

認識篇

如何與昆蟲相知？

　　有些人見到昆蟲的第一個反應是驚聲尖叫、花容失色；有些人則是深惡痛絕，想盡辦法要置其於死地。小小的蟲子，竟會引起如此激烈的反應，恐怕是源於多數人小時候偏頗的環境教育使然！其實，如果有機會多瞭解牠們，你將發現，多數的昆蟲既不可惡，也不可怕，相反的，還十分有趣可愛呢！因此，排除心底因認識不清而產生的厭惡心或恐懼感，正是有意與昆蟲做朋友的人，所要做的首要心裡建設。

　　下面就讓我們從判斷什麼是昆蟲開始，一步步來全方位瞭解昆蟲。

1.判斷是不是昆蟲

▷看牠是否有六隻腳？身體是否分頭、胸、腹三部分？

2.細看昆蟲的身體

▷昆蟲身體各部分的外觀如何？具有什麼樣的功能？

3.觀察昆蟲的生態行為

▷昆蟲吃什麼？住在哪裡？如何自衛？怎麼進行終身大事？

4.瞭解昆蟲的生活史

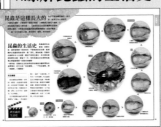

▷什麼是「變態」？昆蟲的一生中，外觀和習性會有什麼樣的變化？

5.認識昆蟲家族

▷昆蟲龐大的族群起源於何時？如何演化？如何分類？

13

昆蟲是什麼？

翻開字典的「虫」部，大家可以找到許多動物的名稱：蚯蚓、蝌蚪、蜈蚣、蚰蜒、蛇、蛤蚧、蜘蛛、蛔蟲、蛞蝓、蜥蜴、蝦、蝸牛、水蛭、螞蟥、螺、蠍子、蠑螈……，這些五花八門的動物，大家是否全都認識呢？可知道其中哪一項是昆蟲？答案很讓人驚訝，以上這些有著「虫」邊的動物名稱中，沒有一類是昆蟲！到底長得什麼樣子的小動物才算是真正的昆蟲呢？

昆蟲的特徵

一般人對「昆蟲」的看法通常很籠統，若問他：「什麼是昆蟲？」答案可能會是：「小小的」、「很多腳的」、「有翅膀的」，甚至也有「軟軟的」、「有硬殼的」等種種看似互相矛盾的說法。其實，要確定是不是昆蟲並不難，只要檢查下面兩個外觀特徵，大概就可以得到答案了。只是要小心，此種標準僅適用於成蟲喔！

1.有六隻腳

　　首先觀察是否是六隻（三對）腳。這是一般確認昆蟲最常用的方法，簡單、快速，且正確性可達八、九成。
　　像是右邊這隻虎頭蜂便是一隻「典型」的昆蟲。

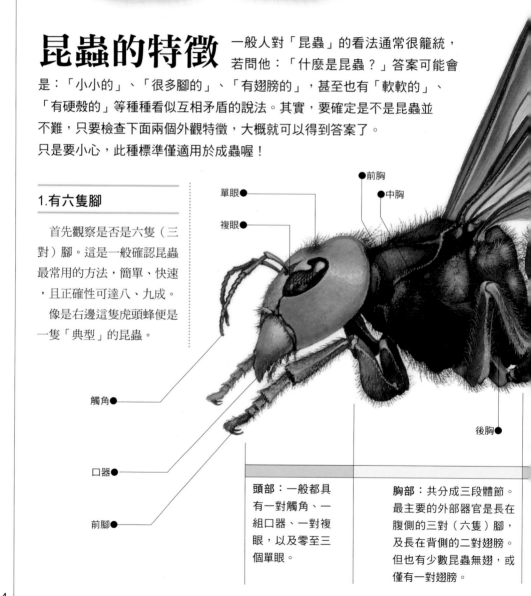

單眼●
複眼●
●前胸
●中胸
觸角●
口器●
前腳●
後胸

頭部：一般都具有一對觸角、一組口器、一對複眼，以及零至三個單眼。

胸部：共分成三段體節。最主要的外部器官是長在腹側的三對（六隻）腳，及長在背側的二對翅膀。但也有少數昆蟲無翅，或僅有一對翅膀。

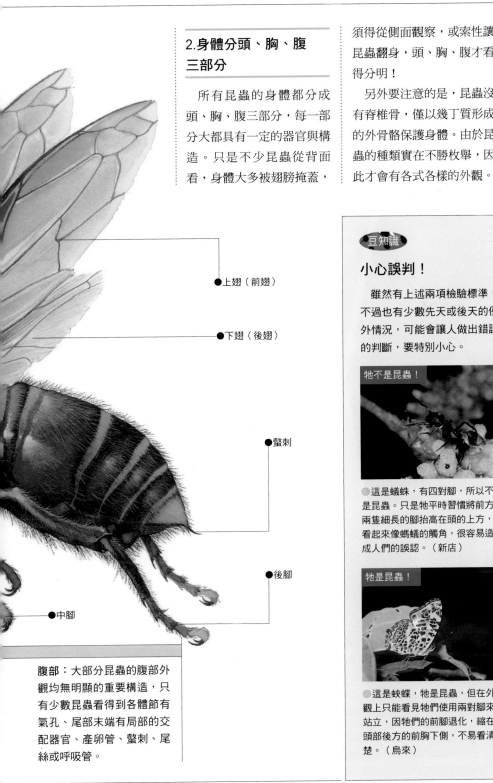

2.身體分頭、胸、腹三部分

所有昆蟲的身體都分成頭、胸、腹三部分，每一部分大都具有一定的器官與構造。只是不少昆蟲從背面看，身體大多被翅膀掩蓋，須得從側面觀察，或索性讓昆蟲翻身，頭、胸、腹才看得分明！

另外要注意的是，昆蟲沒有脊椎骨，僅以幾丁質形成的外骨骼保護身體。由於昆蟲的種類實在不勝枚舉，因此才會有各式各樣的外觀。

●上翅（前翅）

●下翅（後翅）

●螫刺

●後腳

●中腳

腹部：大部分昆蟲的腹部外觀均無明顯的重要構造，只有少數昆蟲看得到各體節有氣孔、尾部末端有局部的交配器官、產卵管、螫刺、尾絲或呼吸管。

豆知識

小心誤判！

雖然有上述兩項檢驗標準，不過也有少數先天或後天的例外情況，可能會讓人做出錯誤的判斷，要特別小心。

牠不是昆蟲！

●這是蟻蛛，有四對腳，所以不是昆蟲。只是牠平時習慣將前方兩隻細長的腳抬高在頭的上方，看起來像螞蟻的觸角，很容易造成人們的誤認。（新店）

牠是昆蟲！

●這是蛺蝶，牠是昆蟲，但在外觀上只能看見牠們使用兩對腳來站立，因牠們的前腳退化，縮在頭部後方的前胸下側，不易看清楚。（烏來）

15

這些不是昆蟲！

在生物分類上，所有的昆蟲都被劃分在動物界、節肢動物門的昆蟲綱，但同屬節肢動物門的一些小生物，尤其是蛛形綱、唇足綱、倍足綱與甲殼綱的成員，雖然可算是昆蟲的近親，但並不是昆蟲，一般人稍不留意，便很容易錯認。此時不妨依前述的昆蟲特徵來檢驗，即可確認真假！

蠍子（蛛形綱）
- 身體區分成頭胸部與腹部兩個部分
- 頭胸部有四對腳和一對由觸肢特化成的大螯夾；腹部尾端有毒螯鉤。

蜘蛛（蛛形綱）
- 身體區分成頭胸部與腹部兩個部分
- 頭胸部有四對腳和一對觸肢

蚰蜒（唇足綱）
- 身體區分成頭部與胴體兩個部分，胴體每個體節有一對腳，腳較細長。

偽蠍（蛛形綱）
- 身體區分成頭胸部與腹部兩個部分，體型微小。
- 頭胸部有四對腳和一對由觸肢特化成的大螯夾，腹部末端無螯鉤或長鞭。

鼠婦（甲殼綱）
●身體區分成頭部與胴體兩個部分
●頭部有明顯的觸角；胴體有七對腳。

蟎（蛛形綱）
●身體區分成頭胸部與腹部兩部分，常寄生於人、畜、昆蟲或植物上。
●頭胸部有四對腳和一對觸肢。

鞭蠍（蛛形綱）
●身體區分成頭胸部與腹部兩個部分
●頭胸部有四對腳和一對由觸肢特化成的大螯夾；腹部尾端有一根細鞭。

蜈蚣（唇足綱）
●身體區分成頭部與胴體兩個部分，胴體細長
●胴體每個體節有一對腳，腳較粗短

海蟑螂（甲殼綱）
●身體區分成頭部與胴體兩個部分
●頭部有明顯的觸角；胴體有七對腳。

馬陸（倍足綱）
●身體區分成頭部與胴體兩個部分；胴體細長
●胴體每個體節有兩對腳

17

細看昆蟲的身體

蹲下身子，低下頭，仔細地觀察一下昆蟲身體的每一部分吧！先看觸角，有羽毛狀、棍棒狀，還有念珠狀；再看嘴巴，為適應食物類別，竟有咀嚼嘴、刺吸嘴、舐吸嘴之分；就連腳，都依功能分成鐮刀狀、船槳形哩！昆蟲身體設計之精妙，簡直令人嘆為觀止。下面就分別從昆蟲的頭、胸、腹，來見識這個神奇的方寸世界

看頭部

這是昆蟲身體最前面的一個部分，是感覺的中心和攝食器官的所在位置。包括一對複眼、零至三個單眼、一對觸角及一組口器。

複眼

一對複眼長在昆蟲頭部前方的兩側，是主要的視覺器官，對於昆蟲的活動、攝食、求偶繁殖、避敵，棲息各方面均有重要的關聯作用。

複眼是由許多六角形的小眼排列集合而成的。複眼的體積越大，小眼數量就越多，相對的視力也越好。

●蜻蜓的複眼大，常常有超過一萬個小眼，所以牠們的視力較好，可準確捕捉頭前一、二公尺、約270度範圍的獵物。兩複眼間的三個小點是單眼。（新店）

●螞蟻的複眼小，頂多包含一、兩百個小眼，所以螞蟻的視力較差。（北橫池端）

單眼

昆蟲的單眼位於左右複眼之間，最多有三枚，部分昆蟲有、部分昆蟲已經退化。具輔助性功能的單眼並不能

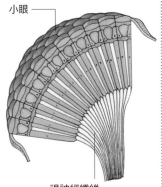

小眼

視神經纖維

複眼剖面結構圖

看見清晰的影像，只能區分光線的強弱和距離的遠近。

觸角

頭部前方，長在一對複眼之間的兩根鬚鬚就是觸角，它是許多感覺神經末稍的所

●螽斯的絲狀觸角（內雙溪）

●背條蟲的念珠狀觸角（北橫四陵）

●螞蟻的曲膝狀觸角（郡大林道）

18

在位置，除了兼具觸覺、嗅覺、味覺外，甚至少數種類昆蟲的觸角還有聽覺的功能呢！簡單的說，觸角可說是昆蟲從事各項活動，如覓食、求偶時，用來探測外在環境的「雷達」。

由於昆蟲種類的差異，觸角的外觀有極大的差別。

●叩頭蟲的櫛齒狀觸角（神木村）

●蝴蝶的棍棒狀觸角（埔里）

●金龜子的鰓葉狀觸角（大屯山）

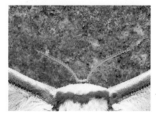
●天蠶蛾雌蛾的雙櫛齒狀觸角（北橫巴陵）

●天蠶蛾雄蛾的羽毛狀觸角（東埔）

●長角象鼻蟲的鞭狀觸角（烏石坑）

●雄蚊子的鑲毛狀觸角具聽覺功能，有助於求偶。（永和）

口器

這是昆蟲用來攝取食物的器官，由於昆蟲種類的差異和為了攝取各類不同的食物，昆蟲口器的外觀結構與功能也有很大的變化。

●螳螂的咀嚼式口器，具銳利的大顎，可嚼碎固體食物。（三芝）

●蝴蝶的虹吸式口器，外形呈吸管狀，可伸長、捲曲自如，適合吸食流質食物。（南澳神祕湖）

●虎頭蜂的咀吸式口器，同時具有吸收及咀嚼的功能，可以用來吸食流質食物，亦可啃碎固體食物。（烏來）

昆蟲的各類口器

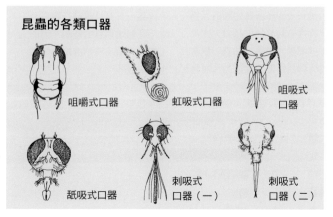

咀嚼式口器　　虹吸式口器　　咀吸式口器

舐吸式口器　　刺吸式口器（一）　　刺吸式口器（二）

看胸部

胸部是昆蟲的運動中樞，構造上一般又可細分成三胸節，分別為前胸、中胸與後胸。背側有兩對翅膀（少數無翅或只有一對翅膀），分別長在中胸與後胸；腹側則有三對腳，每一小節各有一對。

●蒼蠅的舐吸式口器，可分泌消化液先溶化分解食物成流質，再舔食消化。（蘭嶼）

●雌蚊以刺吸式口器叮人吸血（埔里）

●椿象的刺吸式口器，外形為前端尖銳之吸管狀，可刺入食物內部吸食流質成分。（永和）

翅膀

昆蟲是節肢動物中唯一具有翅膀的一類。

翅膀是用來飛行的工具，多半為寬大的薄膜狀，而且有或多或少的翅脈作為支撐壓力的骨架。昆蟲翅膀的有無和翅脈的紋理結構，均是

●天牛上翅特化成硬鞘；膜質下翅則藏在下方，是飛行的主力。（觀霧）

從事昆蟲分類的重要參考依據。

●豆娘翅膀為膜質，翅形細長，翅脈複雜。（內雙溪）

●嚙蟲膜質翅膀上大下小，重疊分置於體背兩側。（永和）

●蝗蟲的上翅平直覆蓋體背，膜質下翅折疊於下方。（內雙溪）

●大蚊外觀只有一對膜質翅膀，因其下翅已退化成平衡棍。（烏來）

豆知識

昆蟲飛多快？

擁有大面積膜質翅膀的昆蟲，往往有較好的飛行力，尤其某些蝗蟲、斑蝶、粘蟲，更有驚人的長距離遷移能力，在牠們覓食或越冬的行程中，常有集體飛行遷移數千公里的紀錄。蜻蜓和天蛾是飛行速度較快的昆蟲，具有持續飛行數百公里，不落地休息的能耐，因此，飄洋過海、繁殖族群的能力也較明顯。

◎各類昆蟲的飛行速度（每秒飛行公尺數）

蜻蜓	10～20
天蛾	5
牛虻	4～14
蜜蜂	2.5～6
蒼蠅	2
金龜子	2.2～3

●尺蛾膜質翅膀寬大，上面滿布鱗片，有防水的功能。（貢寮）

●椿象上翅前半部為革質（紅色部分），後半部為膜質（黑色部分）；下翅則藏於上翅下方。（台北）

腳

　腳是昆蟲除了飛行以外，用來從事各種活動的主要運動器官。

　其三對腳分別稱為前腳、中腳、後腳，每隻腳由裡而

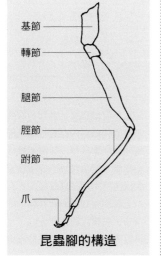

昆蟲腳的構造

外各節的名稱分別為基節、轉節、腿節、脛節、跗節（有數小節）和爪。

　由於種類的差異，並為了適應生活上不同的需求，昆蟲的腳會有五花八門的功能，外觀也大異其趣。

●蜜蜂後腳是可以攜帶花粉的「攜粉腳」（陽明山）

●足絲蟻前腳跗節膨大，是分泌絲線專用的「紡絲腳」。（蘭嶼）

●螳螂前腳呈鐮刀狀，是捕捉獵物專用的「捕捉腳」。（三芝）

●蒼蠅各腳爪下有褥盤，是用來搓洗污物的「清潔腳」。（內湖）

●蝗蟲後腳腿節特別粗大，是彈跳專用的「跳躍腳」。（內湖）

●龍蝨後腳扁平且長滿長毛，是划水專用的「游泳腳」。（永和）

●雞蝨各腳均有彎鉤，是攀緊羽毛專用的「攀緣腳」。（永和）

●螻蛄前腳有齒耙，是挖掘地道專用的「挖掘腳」。（大屯山）

●步行蟲六腳平均且有力，是擅長快速疾行的「步行腳」。（藤枝）

看腹部

腹部是昆蟲身體的最後一段，是消化、生殖等器官之所在，由十至十一個小節組合而成。

外觀上，除了形狀大小各不相同的交配器或產卵管之外，沒有其他明顯的外部構造，但部分昆蟲尾端另有尾絲、尾鋏、螫針或呼吸管。

●蠼螋腹部末端有尾鋏（新店）

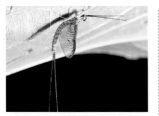
●蜉蝣具有二或三根細長的尾絲（北橫池端）

●雌蟋蟀腹端除了尾絲外，還可看見細長的產卵管。（永和）

●紅娘華腹部末端有可以伸出水面外的呼吸管（三芝）

豆知識

昆蟲的尺寸

昆蟲和其他的節肢動物有一個共同的特色：那就是牠們的身體具有外骨骼。由於身體外側有一層外殼的限制，牠們不能隨著攝食而無限制的長大，而是每隔一段時間蛻皮一次，換上一層新的、更大的外殼才能繼續成長。當昆蟲發育到成蟲階段後，身體便不再蛻皮變化，因此牠們的體型大小幾乎都有一定的規模。

根據化石的考證，地球上體型最大的昆蟲是生活於2億多年前的蜻蜓，牠的身長大約有40公分，展翅的寬度可達70多公分。不過，目前世界上的昆蟲，體長或展翅的寬度都在30公分以下；而體型微小的昆蟲，體長則往往都在 0.1 公分以下。

下面是目前世界上常見各類昆蟲的最大尺寸表。

常見昆蟲的最大尺寸

兜蟲 –18 cm（含觭角）	豆娘 –11 cm	吉丁蟲 –5.5 cm
天牛 –15 cm	螽斯 –11 cm	蟑螂 –8 cm
蝴蝶 –24 cm（展翅寬）	鍬形蟲 –11 cm	螞蟻 –2.5 cm
蛾 –25 cm（展翅寬）	金龜子 –10 cm	叩頭蟲 –5.5 cm
竹節蟲 –19 cm	象鼻蟲 –8 cm	蟬 –7.5 cm

豆知識

昆蟲的性別

由於昆蟲種類繁多，因此，同種昆蟲間，雌雄外觀差異很大。一般而言，雌蟲的體型和腹部體積較雄蟲大。

若要從事雌雄個體的判定，因種類的不同，方法也完全不一樣。以部分的蝶、蛾、鍬形蟲、蜻蜓、豆娘為例，雌蟲和雄蟲在外形、體色或翅膀的花紋等特徵上會完全不同，人們很容易根據圖鑑資料，一眼就認出雌雄的差別。

但大多數的昆蟲，雌雄個體外觀並無明顯差異，唯有從腹部末端的外生殖器構造來區分性別，例如蟋蟀、螽斯、姬蜂等昆蟲的雌蟲，在腹部尾端即有明顯的產卵管；沒有明顯產卵管者，仍然可以用交配器官的構造不同來區分雌雄。

至於那些交配器藏在體內的種類，只有在雌雄交配時，才可以不經過生理解剖來認定性別。

小昆蟲大家族

小小的昆蟲，是地球上最最龐大的生物族群，其種類數，比起魚類、鳥類、哺乳類、兩棲類……，以及其他各式各樣動物的種類數總和還要多出許多！如此龐雜的昆蟲世界，我們要如何從中辨識出每一隻蟲子的身分呢？可知道，這個大家族是何時出現在地球上？牠們是如何以小搏大，在競爭激烈的生物界演化至今？而台灣「昆蟲王國」的美稱又是如何形成的呢？

昆蟲的種類

目前地球上已知的昆蟲種類超過一百萬種，這個數目比起其他所有動物的種類總和還要多出很多，幾佔整個動物界的四分之三，而且隨著各國昆蟲分類學者的研究發表，每年大約還會多出一萬個新種。可見得昆蟲是一個多麼龐大、族繁難以詳載的家族。

昆蟲種類數　其他動物種類數

昆蟲的分類法

　　除了每個人都熟悉的蚊子、蒼蠅、蟑螂、螞蟻等居家昆蟲外，戶外還有不計其數、許多人叫不出名稱的各類奇蟲怪蟲。因此，假如沒有一套完整而清楚的分類系統，別說是一般大眾搞不清楚如何分辨牠們的異同，連從事相關研究的專家都有可能發生判定錯誤的糗事。

　　幸好，分類學者已按照生物分類的七個基本階梯——界、門、綱、目、科、屬、種，將所有已知昆蟲歸入動物界、節肢動物門的昆蟲綱，然後再依牠們外觀形態與生態習性的異同，區分成二十五個「目」，例如：翅膀上有許多鱗片交互重疊的各種蛾和蝴蝶，就被歸類在「鱗翅目」中；而蒼蠅、蚊子、虻等下翅已經退化，外觀上只能見到一對翅膀的昆蟲，就被歸類在「雙翅目」中；還有天牛、金龜子、鍬形蟲等甲蟲，牠們的上翅已經硬化成保護腹部的硬鞘，因此就被歸類在「鞘翅目」中。

　　這二十五個不同的「目」，有的成員較少，有的成員繁多。像蚤蠓目、缺翅目下都只有一「科」，是昆蟲綱中最小的兩個家族，科之下全世界均不到一百種；而膜翅目、雙翅目、鱗翅目、鞘翅目則是四個最大的家族，「目」底下分別各有一百多「科」，以鱗翅目中的尺蛾科為例，在台灣就有近九百種的昆蟲。

　　有了次序井然的階梯式分類歸納，每一種已知的昆蟲便有各自清楚的身分地位，而且，人們也可以藉著這個分類階梯的定位，了解不同種昆蟲間的關係。

昆蟲綱的分目表

　　為了讓人們更清楚昆蟲二十五個不同「目」之間的遠近關係，於是分類學者在

昆蟲綱下先區分成兩個「亞綱」:「無翅亞綱」的昆蟲先天自遠古時期就不具翅膀,其中包括兩個「目」;「有翅亞綱」的昆蟲則在成蟲階段大部分都會長出翅膀,其中包括了二十三個「目」。

有翅亞綱的各類昆蟲又被區分成兩大類。

「外生翅類」的昆蟲,小時候就有翅膀的雛形,外觀與成蟲差異不大;「內生翅類」的昆蟲,小時候翅膀的前身深藏於體內,外觀和成蟲完全不同。

下面所列即是昆蟲綱的分目表。

昆蟲綱分目表

昆蟲綱
├─ 有翅亞綱
│   ├─ 內生翅類
│   │   ├─ 毛翅目、鱗翅目、膜翅目
│   │   ├─ 長翅目、蚤目、雙翅目
│   │   └─ 脈翅目、鞘翅目、撚翅目
│   └─ 外生翅類
│   ├─ 纓翅目、蛩蠊目
│   ├─ 缺翅目、嚙蟲目、半翅目
│   ├─ 革翅目、紡足目、襀翅目
│   ├─ 竹節蟲目、直翅目、螳螂目
│   └─ 蜉蝣目、蜻蛉目、蜚蠊目
└─ 無翅亞綱
    ├─ 石蛃目
    └─ 纓尾目

註:以往分類系統的等翅目現今已併入蜚蠊目,同翅目已併入半翅目,食毛目與蝨目已併入嚙蟲目。而原本無翅亞綱中的原尾目、雙尾目與彈尾目則一同被劃入一個獨立的內口綱。

昆蟲的演化

人類在地球上的歷史約有三百萬年，那麼昆蟲的歷史又有多久呢？根據古生物學家對化石的研究，地球上最早出現的昆蟲是無翅的原始種類，距今最少有四億年！因此，論起資歷，昆蟲可真是人類的老前輩。而體型不大的昆蟲，居然能夠通過漫長、嚴厲的演化考驗，不但沒有步入滅絕的命運，反倒能形成地球上數量最龐大的生物族群，可見得昆蟲必定擁有與眾不同的生存絕招，才能在生物界中致勝。

昆蟲的起源

大約五億年前，原始昆蟲和三葉蟲等其他節肢動物，都源自一類外觀類似蜈蚣的祖先，但是一直要到約四億年前，無翅的原始昆蟲才真正現身。到了距今三億五千萬年左右，地球上已經出現不少有翅膀的昆蟲。從此以後，昆蟲便開始以其驚人的繁殖力與環境適應力，逐步盤據地球各個角落。

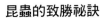

原始蜻蜓

昆蟲的致勝祕訣

大恐龍絕種了，小小昆蟲卻存續至今，甚至變成地球上最龐大的生物族群，牠以小搏大的祕訣是什麼呢？

首先，「體型小」其實便是昆蟲面臨環境變化時最有利的優點。當地球遭受天災地變時，大型動物往往無從逃避突來的巨變，短時間內即相繼死亡，而昆

原始蟑螂

蟲體型小，則很容易找到安全隱蔽的角落來渡過危機。

此外，昆蟲的「種類多」、「生活史短」且「繁殖力強」，就算族群遇到災難而大量死亡，殘存的少數昆蟲，仍然可以在很短的時間內，快速繁衍出下一代。因此，即使哪一天地球再次遭遇環境巨變，甚至連人類都從地球上滅絕消失了，相信生存力驚人的昆蟲家族，還是能重新演化出適應新環境的種類，繼續活躍在地球上。

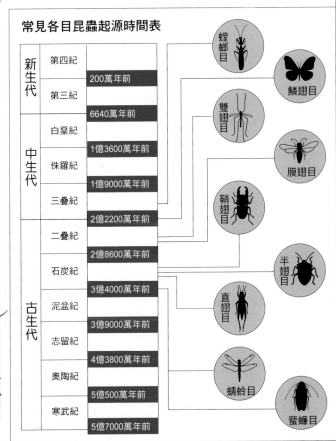

常見各目昆蟲起源時間表

新生代	第四紀	
		200萬年前
	第三紀	
		6640萬年前
中生代	白堊紀	
		1億3600萬年前
	侏羅紀	
		1億9000萬年前
	三疊紀	
		2億2200萬年前
古生代	二疊紀	
		2億8600萬年前
	石炭紀	
		3億4000萬年前
	泥盆紀	
		3億9000萬年前
	志留紀	
		4億3800萬年前
	奧陶紀	
		5億500萬年前
	寒武紀	
		5億7000萬年前

螳螂目
鱗翅目
雙翅目
膜翅目
鞘翅目
半翅目
直翅目
蜻蛉目
蜚蠊目

台灣的昆蟲

台灣素有「昆蟲王國」的美稱，區區36000平方公里的面積，已知的昆蟲超過23000種，其中有不少是台灣特有種，真可說是賞蟲人的天堂。如此得天獨厚的昆蟲資源是怎麼形成的呢？

多樣化的來源

根據研究者的推論，台灣昆蟲具有以下幾個來源：

①**經乾涸大陸棚由歐亞大陸遷入**：在遠古冰河期海水消退的年代中，台灣海峽數度乾涸形成大陸棚，因此提供了許多歐亞大陸的動物遷移定居台灣的機會，現今分布於台灣的昆蟲，大部分都是當初直接或間接從歐亞大陸移入的種類，所繁殖演化成的後代，所以台灣的昆蟲相與中國大陸、東南亞國家甚至日本，有不少共通性。

②**由鄰國飛行遷入**：某些善於長途飛行的昆蟲，偶爾會遠從鄰近的國家飛抵台灣，少數的種類便可能在台灣定居，進而繁衍下一代。

③**藉人類交通工具遷入**：由於人類經濟活動日趨頻繁，不少較優勢的昆蟲（多為經濟性害蟲或衛生害蟲），在近數十年間曾陸續藉著人類交通工具遷入台灣定居。

④**藉海上浮木漂移遷入**：有些飛行能力較差的小型昆蟲，可能會躲藏在海面浮木中，藉著洋流飄送而移居台灣，這個情形在黑潮流經的蘭嶼、綠島特別明顯，因此這些地區會出現一些台灣本島見不到的菲律賓系昆蟲。

優越的自然環境

就自然環境而言，台灣因位於亞熱帶地區，氣候自然比溫帶或寒帶的國家適合昆蟲繁衍；加上地形因素，從熱帶海岸林到高山寒原，各種植物群落在台灣島中都能找到，因此孕育了種類密度多於鄰近國家的昆蟲資源。

另外，由於海洋的隔絕作用，使得島內有不少昆蟲演替成其他地區都見不到的特有種類，這也是台灣昆蟲的一大特色。

昆蟲的寶庫

根據分類學者的預估統計，台灣實際存在的昆蟲種類可能達45000至55000種，這表示在野外環境中有二分之一以上種類的昆蟲，尚未被正式發現、記載或命名。這樣的統計數字可以從兩方面來看：其一，在台灣各地隨便找到一隻毫不起眼的小昆蟲，很可能沒有一個人可以辨認牠的正確身分；另一方面樂觀的想，台灣不愧是

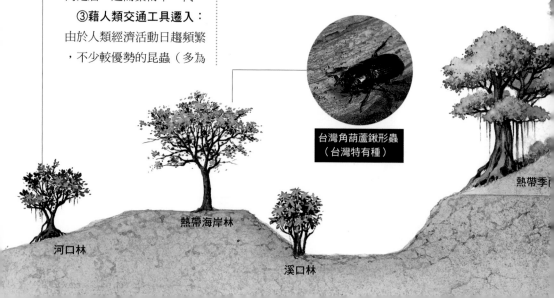

台灣角葫蘆鍬形蟲
（台灣特有種）

熱帶海岸林

河口林

溪口林

熱帶季雨林

一個昆蟲的寶庫，對有心從事昆蟲分類的學者來說，這塊美麗的大地提供了無窮的昆蟲研究資源。

信義熊蜂
（台灣特有種）

曙鳳蝶
（台灣特有種）

高山寒原
3500公尺

亞高山針葉林
3000公尺

冷溫帶針葉林
2500公尺

涼溫帶針闊葉混合林
1800公尺

曙虎天牛
（台灣特有種）

暖溫帶闊葉林
700公尺

長角大鍬形蟲
（台灣特有種）

台灣鳳蝶
（台灣特有種）

亞熱帶闊葉林
0公尺

刺緣大薄翅天牛
（台灣特有種）

昆蟲是這樣長大的

很多不常接觸昆蟲的一般大眾，總會以為小蟑螂長大變成大蟑螂、小蝗蟲長大變成大蝗蟲、小蝴蝶長大變成大蝴蝶、小鍬形蟲長大變成大鍬形蟲……。這樣的認知對某些種類的昆蟲來說是正確的，但對部分的昆蟲而言卻是錯得離譜。因為多數昆蟲一生外形變化之劇，甚至得用「變態」來形容哩！

昆蟲的生活史

昆蟲是卵生的動物，自孵化後，通常會歷經一段拚命吃、不斷蛻皮的幼生期，直到體內生殖器官發育成熟，便「羽化」變為成蟲。昆蟲的成蟲期多半十分短暫，體型不再發生變化，其主要任務即和異性交配，繁殖下一代。有些昆蟲在幼生期與成蟲期之間還會歷經一段蟄伏的蛹期。

一般來說，昆蟲的生活史依照成長各階段外觀與習性的差異情況，約可分成「完全變態」、「不完全變態」與「無變態」三種類型。

完全變態

成長過程包括卵期、幼生期、蛹期、成蟲期四個階段。幼生期看不到翅膀，蛹期不吃也不移動，四階段在外觀、習性上完全不同，就稱為「完全變態」。

完全變態類昆蟲的幼生期被稱為「幼蟲」。在昆蟲分類上，屬於「有翅亞綱」中所有「內生翅類」的昆蟲都是完全變態的昆蟲，例如鞘翅目的甲蟲、鱗翅目的蝴蝶和蛾、膜翅目的蜂和蟻，及雙翅目的蚊與蠅等。以下就以鞘翅目的鍬形蟲及鱗翅目的蝴蝶為例，來看「完全變態」的生活史過程。

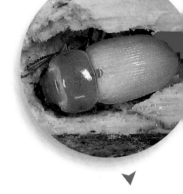

④翅鞘顏色稍微變深

⑤頭部抬起完成羽化

鍬形蟲的生活史

卵

產於朽木中

幼蟲

幼生期分三齡，此為三（終）齡幼蟲。

化蛹過程

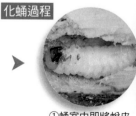

①蛹室中即將蛻皮變蛹的幼蟲

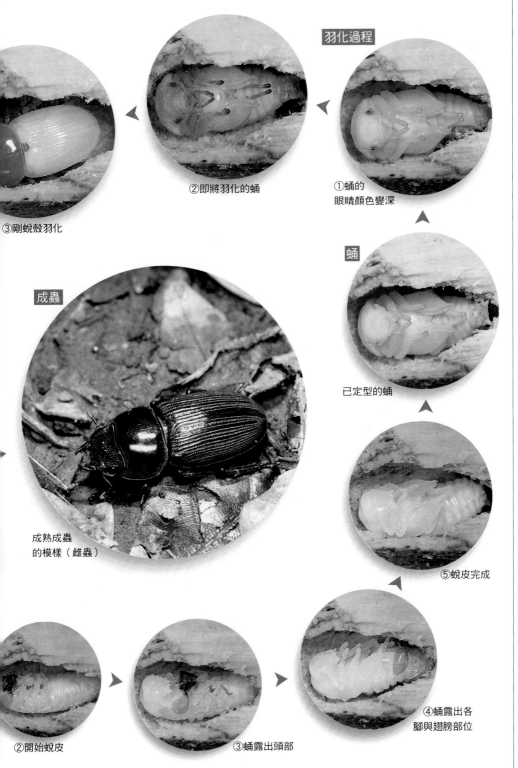

羽化過程

②即將羽化的蛹

①蛹的
眼睛顏色變深

③剛蛻殼羽化

蛹

已定型的蛹

成蟲

成熟成蟲
的模樣（雌蟲）

⑤蛻皮完成

②開始蛻皮

③蛹露出頭部

④蛹露出各
腳與翅膀部位

蝴蝶的生活史

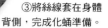
成蟲

翅膀伸展，完成羽化之成蟲。

卵

幼蟲

幼生期一般俗稱「毛毛蟲」，共分五齡，此為四齡幼蟲。

化蛹過程

①終齡（五齡）幼蟲開始化蛹準備工作——吐絲形成固定尾部的絲座

②迴轉身軀將尾部固定後，再吐絲準備套住身體。

③將絲線套在身體背側，完成化蛹準備。

④身軀拱起的「前蛹」

30

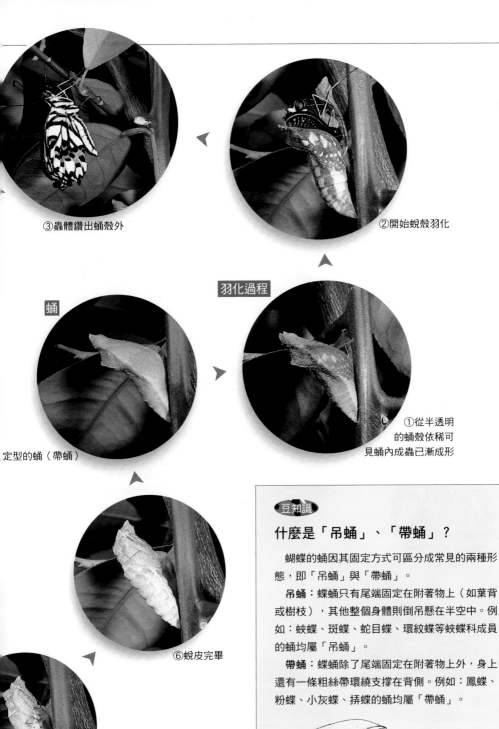

③蟲體鑽出蛹殼外

②開始蛻殼羽化

羽化過程

蛹

①從半透明
的蛹殼依稀可
見蛹內成蟲已漸成形

定型的蛹（帶蛹）

⑥蛻皮完畢

⑤「前蛹」開始蛻皮

豆知識

什麼是「吊蛹」、「帶蛹」？

　　蝴蝶的蛹因其固定方式可區分成常見的兩種形態，即「吊蛹」與「帶蛹」。

　　吊蛹：蝶蛹只有尾端固定在附著物上（如葉背或樹枝），其他整個身體則倒吊懸在半空中。例如：蛺蝶、斑蝶、蛇目蝶、環紋蝶等蛺蝶科成員的蛹均屬「吊蛹」。

　　帶蛹：蝶蛹除了尾端固定在附著物上外，身上還有一條粗絲帶環繞支撐在背側。例如：鳳蝶、粉蝶、小灰蝶、挵蝶的蛹均屬「帶蛹」。

吊蛹　　　　　　　　帶蛹

不完全變態

成長過程包括卵期、幼生期、成蟲期三階段。此類昆蟲在幼生期會逐漸在胸部背側前端形成翅膀的前身——翅芽，幼生期與成蟲期在外觀上約略有別。

另外，依生態習性的改變與否，主要分成漸進變態與半行變態兩類。

在昆蟲分類上，屬於「有翅亞綱」中「外生翅類」的昆蟲，都是不完全變態的昆蟲，其中又以行「漸進變態」者較多。

漸進變態：此類昆蟲的幼生期稱之為「若蟲」，若蟲與成蟲一樣生活在陸地，食物的選擇和生活習性多半無明顯的差異，其中大家較熟悉的有蟑螂、螳螂、竹節蟲、蟋蟀、螽斯、蝗蟲、白蟻、椿象、蟬等。

以下就蟋蟀為例，來看「漸進變態」的生活史過程。

蟋蟀的生活史

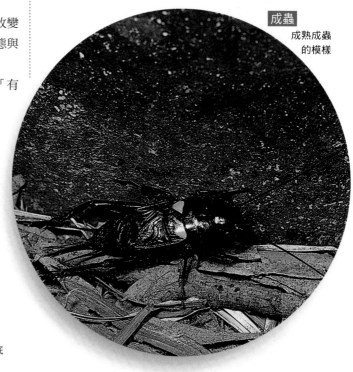

成蟲
成熟成蟲的模樣

卵
產於地底

若蟲
剛孵化的一齡若蟲

二齡若蟲

羽化過程

①即將羽化的九齡若蟲，背側已明顯可見到翅芽。

⑥翅膀逐漸伸展成型

⑤全身脫離舊皮

⑦翅膀顏色
開始變深

④觸角脫離舊皮

③翅膀逐漸出現
並脫離舊皮

②開始蛻皮

豆知識

昆蟲寶寶如何分齡？

　　昆蟲自卵孵化後，即稱為一齡幼蟲（或若蟲、稚蟲、仔蟲），爾後每脫一次皮便多一齡，即二齡、三齡、四齡……，最後一齡則習慣稱之為「終齡」。依種類差異，各種昆蟲幼生期的齡期各不相同，例如無尾鳳蝶、黑鳳蝶等常見鳳蝶的幼蟲及蠶蛾幼蟲均為五齡；而曙鳳蝶幼蟲有七齡；鍬形蟲幼蟲只有三齡；蜻蜓的稚蟲則多達九至十四齡。

半行變態：此類昆蟲的幼生期稱為「稚蟲」，生活在水中，直到長大成熟後，才會爬出水面，在陸地上羽化為成蟲，因此，不管是棲息環境與食性都和陸生的成蟲階段大不相同。當然，這些昆蟲的幼生期和成蟲期的呼吸器官也不一樣。

「外生翅類」中，蜻蜓、豆娘、蜉蝣、石蠅，都是生活史屬於半行變態的昆蟲。

以下就蜻蜓為例，來看「半行變態」的生活史過程。

成蟲

成熟成
的模

蜻蜓的生活史

卵

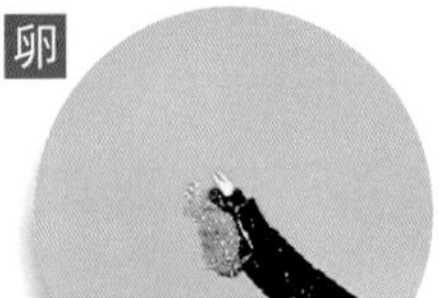

雌蟲會將
卵團產入水中

稚蟲

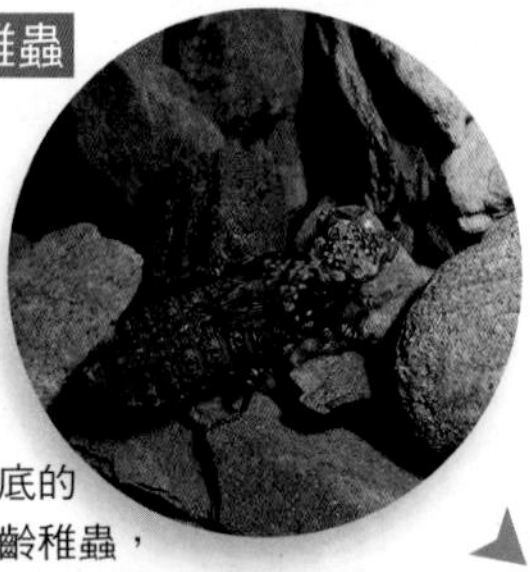

水底的
終齡稚蟲，
背側可見到翅芽組織。

羽化過程

①稚蟲爬出水面

豆知識

什麼叫做「羽化」？

在昆蟲世界裡，「羽化」可不是「昇天」（死亡）的意思。而是指：有翅亞綱昆蟲的終齡若蟲、終齡稚蟲或蛹，經最後一次蛻皮，轉化蛻變為成蟲的過程。因為此階段昆蟲身上的翅膀也會同時伸展成形，所以「羽化」在此有「化羽成蟲」之意。

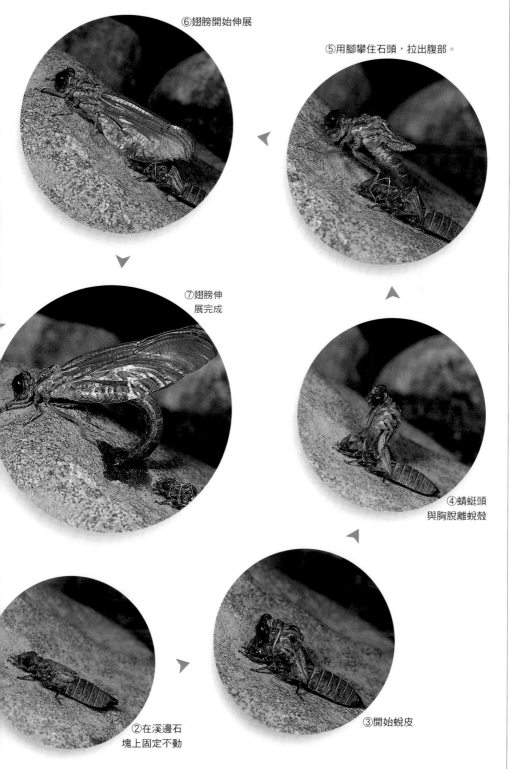

⑥翅膀開始伸展

⑤用腳攀住石頭，拉出腹部。

⑦翅膀伸展完成

④蜻蜓頭與胸脫離蛻殼

②在溪邊石塊上固定不動

③開始蛻皮

無變態

　　成長過程包括卵期、幼生期、成蟲期三階段。其幼生期稱為「仔蟲」，此階段與成蟲期在外觀上除大小有別外，其餘完全相同，連生態習性亦不會改變。

　　在昆蟲分類階梯中，屬於「無翅亞綱」的各類昆蟲算是無變態的昆蟲。其中，大家最有機會接觸到、而且體型較大的，便是家中會啃食舊紙張、舊衣物的衣魚。以下就是衣魚的生活史過程。

衣魚的
生活史

卵 仔蟲 成蟲

豆知識

昆蟲的壽命

　　一般人的壽命可以長達七、八十歲，那麼昆蟲又可以活多久呢？這是許多人都很好奇的問題。

　　不過要探討昆蟲壽命的長短時，大家一定要記得，所謂昆蟲的壽命並不是指牠的成蟲可以活多久，而是這種昆蟲生活史的長短。所以假如有人問起某種蝴蝶、蟬或鍬形蟲的壽命長短，那麼牠們的毛毛蟲、地底若蟲或朽木中幼蟲的階段都應該算在裡面。更重要的，大部分種類的昆蟲，在牠們的一生中，成蟲階段通常是較短暫的「老年」時期，攝食成長的幼生期階段反而佔掉牠們一生大部分的時光。

　　昆蟲一生壽命的長短隨著種類的不同，會有極懸殊的差異。例如有些蚜蟲在一年之中會有多達三十代的生命交替，平均一代只不過兩個星期左右的時間；而產於美洲的十七年蟬，牠們的若蟲在地底要生活長達十七年後，才會鑽出地面羽化為成蟲，當成蟲完成傳宗接代大事後，不久便會死去。

　　以下是幾種常見昆蟲的平均壽命表。

獨角仙	1年（幼蟲8-10月，成蟲2-4週）
扁鍬形蟲	1～2年（幼蟲8-10月，成蟲3-8週）部分越冬成蟲則可存活超過半年
義大利蜂工蜂	50～60日（幼蟲6日，成蟲平均35日）
蜜蜂蜂后	2～4年（幼蟲6日，成蟲2-4年）
台灣大蝗	1年（若蟲4-6月，成蟲3-8週）
台灣紋白蝶	35～45日（幼蟲18-21日，成蟲1-3週）
無尾鳳蝶	45～55日（幼蟲20-24日，成蟲2-4週）
埃及斑蚊♀	35日（幼蟲4-6日，成蟲4週）
大螳螂	1年（若蟲4-6月，成蟲3-8週）
星天牛	1年（幼蟲8-10月，成蟲2-6週）

解讀昆蟲的心與情

小昆蟲的智慧儘管沒有人類高，壽命沒有人類長，但牠一生所上演的戲碼卻絕不比人類遜色——牠吃什麼？怎麼吃？牠住在哪裡？平時如何防避敵害？危險時如何自衛逃生？牠是如何求偶與傳宗接代呢……昆蟲的生態行為中，隱藏著許多有趣的祕密，以下就一一來解讀。

昆蟲的飲食

昆蟲的一生中，「吃」可說是最重要的一件民生大事，至於牠吃什麼？怎麼吃？其中的學問可就大了！昆蟲中約有五成是「植食性昆蟲」，約三成是「肉食性昆蟲」，剩下的二成則包含了「腐食性昆蟲」和「雜食性昆蟲」，以及極少數在成蟲階段不吃不喝的「絕食性昆蟲」。以下就是昆蟲的吃相大公開。

植食性昆蟲

所有的昆蟲中，奉行素食主義、以植物為食的種類佔了近二分之一，幾乎每一種植物都有昆蟲喜歡享用；舉凡植物的葉片、花朵、果實、種子，甚至樹幹、樹枝、根等各部位，也都可能被某類昆蟲視為美味佳餚。

吃花朵：如此風雅的食物也有不同的吃法，像是許多蝴蝶與蛾以細長如吸管的虹吸式口器，插入花朵的蜜腺中吸食花蜜。蒼蠅會以舐吸式口器舐食花朵蜜露。而許多天牛除了喜愛在木本植物花叢間吸食花蜜之外，也會啃食花蕊或花粉。

●不少天牛偏好啃食花蕊或花粉（沙里仙林道）

●蝴蝶以虹吸式口器吸食花蜜

吃果實、種子：許多腐熟掉落的瓜果，會吸引金龜子、蝴蝶、蛾、虎頭蜂、蠅、螞蟻來吸食；而果實蠅、瓜實蠅還會在瓜果上產卵，好讓牠們的幼蟲蛀食生長。

●金龜子正在吸食鳳梨腐果（大屯山）

作為人類主食的五穀雜糧在倉儲或運輸過程中，則會有不計其數的儲糧害蟲，如米象、豆象的幼蟲和成蟲，以及谷盜、麥蛾、螟蛾等幼蟲在其中啃食繁殖。

吃葉片：有些昆蟲擁有咀嚼式口器，可用發達的大顎

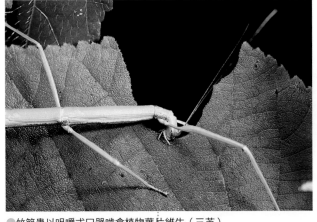
●竹節蟲以咀嚼式口器啃食植物葉片維生（三芝）

直接啃食植物葉片維生，像是竹節蟲、蝗蟲和部分金龜子與天牛的成蟲，以及大部分蝴蝶、蛾類與葉蜂的幼蟲等。有些昆蟲則以刺吸式口器吸食葉片汁液過活，例如：蚜蟲、木蝨、飛蝨、葉蟬、沫蟬、椿象等都是如此。

吃樹幹、樹枝：分成吸食樹液與啃食樹皮兩種類型。前者包括喜好吸食樹幹及樹枝上滲流樹液的蛺蝶或蛇目蝶，以及以刺吸式口器插入樹幹或嫩莖內直接吸食汁液

●許多蛺蝶或蛇目蝶偏好吸食樹幹及樹枝上因病變或外在原因滲流出的樹液（大屯山）

的蟬與椿象；後者則以擁有銳利大顎的天牛為代表。而族群龐大的白蟻更是以蛀食樹木、枯木或木製傢具纖維為終生職志。

吃根：蟬的若蟲棲身地底，以刺吸式口器刺入植物的根部吸食汁液長大；而穴居地洞的蟋蟀或金龜子幼蟲則會啃食蔬菜作物的地下根。

●蟬的若蟲以刺吸式口器吸食植物在地底下的根汁液（大屯山）

肉食性昆蟲

以其他動物或昆蟲為食物的昆蟲也不少，其進食方式以捕食型種類佔大部分，其他少部分則屬於寄生型。

捕食型：分成吃肉（啃食）與吸血（吸體液）二類。螳螂、虎甲蟲、步行蟲、石蛉、蜻蜓、豆娘及肉食性的瓢蟲等，不論幼蟲期或成蟲，都擅長以發達的咀嚼式口器直接將弱小獵物啃食下肚，而且除了有硬殼的甲蟲外，許多肉食性昆蟲都有同種相殘的情形。

●螳螂以咀嚼式口器來啃食弱小獵物（永和）

會吸食體液的昆蟲多半擁有發達的刺吸式口器，如：食蟲虻、水黽、紅娘華、蚊與肉食性椿象等。

寄生型：許多中、小型的寄生蜂和寄生蠅的雌蟲會依本能找到特定寄主——大部分為各類昆蟲的成蟲、蛹、幼蟲或卵；然後將卵產在寄主身上，當自己的幼蟲孵化後，便可以鑽入寄主體內寄生蛀食，直到寄主衰竭身亡。

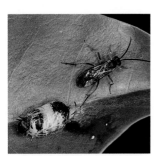

●姬蜂幼生期都寄生在其他昆蟲體內，圖中剛羽化的成蟲正咬破繭殼鑽出。（永和）

腐食性昆蟲

腐食性昆蟲有的以腐爛的植物（腐植質）為食物，有的則偏好動物腐屍或動物糞便。在整個食物鏈中，腐食性昆蟲能讓許多死亡或無用的動、植物遺骸重新分解、回歸大地，扮演著稱職的「分解者」角色，是地球上不可或缺的重要成員。

吃動物腐屍：不少蒼蠅喜歡舐食腐肉，並在腐肉上繁殖同樣以腐肉為食的後代。而埋葬蟲不管是幼蟲或成蟲都酷愛食用動物腐屍。

●埋葬蟲正在啃食癩蝦蟆腐屍的腳爪（大屯山）

吃動物糞便：不少蛇目蝶或蛺蝶偏好吸食動物糞便或腐屍的汁液。而各式各樣別稱「屎蛣蜋」的糞金龜成蟲及其幼蟲更以動物糞便為主食。

●不少蛇目蝶或蛺蝶喜愛吸食糞便或動物腐屍汁液（觀霧）

●以往屬於昆蟲綱如今劃入內口綱的跳蟲，生活在腐土或腐葉、腐木中，以腐植質為食，所以也是腐食性的昆蟲近親。（永和）

吃腐植質：體型微小的跳蟲常生活在腐葉堆或泥土中，以腐植質為食。

雜食性昆蟲

有一些昆蟲比較不挑食，不論動物性或植物性食物均可適應，稱為雜食性昆蟲，像是螞蟻、蟑螂、叩頭蟲、蟋蟀等都是雜食族。

各種雜食性昆蟲擁有不同的口器構造，因此有不同的進食方式與習慣。

不吃不喝的昆蟲

就昆蟲的一生而言，短暫的成蟲期幾乎算是生命的最後階段，唯一的責任就是傳宗接代。

因此，部分昆蟲在成蟲階段，口器會退化，失去進食的功能，以便專心交配、繁殖。例如人類常飼養的家蠶蛾，以及體型碩大的天蠶蛾都是如此，牠們通常在完成繁殖後代的責任後，即很快死亡。

昆蟲的窩巢

大部分昆蟲過的都是餐風宿露的生活，頂多在有需要時，臨時找個合適的隱蔽場所來棲身。不過，有少數為了躲避天敵侵害的昆蟲，或具有群居習慣的社會性昆蟲，會製造屬於自己的「家」，可說是昆蟲族中的「有巢氏」。

群棲的窩巢

膜翅目昆蟲中的虎頭蜂、長腳蜂、蜜蜂、螞蟻，及蜚蠊目的白蟻等，都是分工較精細的社會性昆蟲。此類昆蟲的特性之一即是擁有群居的窩巢，除了提供共同棲身的場所外，不少種類的窩巢還可以當作孕育幼蟲成長的搖籃。此類窩巢多為固定的形式，但築巢地點、大小、材質因種類而異，從外觀上看，大致可分為封閉式與開放式兩類。

封閉式：此類窩巢從外面看不到內部結構，像是虎頭蜂和蜜蜂的窩，由外觀便

●白蟻為了遮蔽活動通道，會在野外枯木或樹幹表面覆蓋一層泥土狀物質，撥開後，可見到許多迅速躲入巢穴的大小白蟻。（內雙溪）

●長腳蜂的巢屬於開放的形式，適合觀察工蜂育幼的生態。

看不到裡面六角形的育兒巢室；而某些在地底築巢穴居的螞蟻和白蟻，牠們在地下的家，孔道複雜，人們從地面上亦很難一窺全貌。

●虎頭蜂窩巢屬於封閉式，只見得到少數出入的孔道。（藤枝）

●在地底築巢的蟻窩地表，經常可以見到細砂粒小土堆。（澄清湖）

開放式：同屬蜂類的長腳蜂，其蜂巢的形式則為開放式，外觀上可以直接看到裡面六角形的育兒巢室；而常在樹木莖幹上棲身的足絲蟻雖然不是標準的社會性昆蟲，但其巢穴更特別，牠們以

前腳的絲囊分泌絲線，鋪設成一層層不太細密的線網巢穴和爬行活動的絲網隧道，整個小族群便共同生活在如此開放、簡陋的窩巢中。

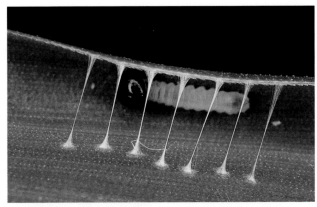
●捲蝶幼蟲準備將植物葉片捲製成固定不動的「葉苞」巢（內雙溪）

●長腳蜂的窩巢屬於開放式，外觀看得到六角形的育嬰室。（台北）

●足絲蟻的開放式窩巢較簡陋（蘭嶼）

獨棲的窩巢

屬於「有巢」階級的昆蟲中，有一些習慣於獨居，牠們的窩巢形態千奇百怪，大致可分為固定式與活動式兩大類。

固定式：鱗翅目昆蟲中的捲蝶、捲葉蛾和少數蛺蝶的幼蟲，以及部分的蟋蟀都會製造固定的葉苞為家。另

外，也有很多石蠶幼蟲的水中住家是固定的形式。

活動式：有些昆蟲的窩巢會跟著活動地點而遷移，像是避債蛾的幼蟲即會吐絲將枯枝、枯葉的碎片編織成一個緊密的窩來棲身，而且可以隨時背著這個活動式的「家」到處爬行。

●在野外常見避債蛾幼蟲背著蟲苞到處爬行（內雙溪）

社會性昆蟲

要被稱為「社會性昆蟲」，該昆蟲的成蟲必須具備以下三個基本條件：一、群居，並有世代重疊的情形（簡單的說，即必須有二代同「居」的情形）；二、有共同育幼的習慣；三、成員間有生殖階級、工作階級的身分區分。

大家最常接觸到的社會性昆蟲不外乎前面所提到的蜜蜂、長腳蜂、虎頭蜂、熊蜂、螞蟻和白蟻等。

不同種類的社會性昆蟲，其族群大小、築巢的位置與形態

、階級層級的多寡、分工的複雜度、配對完婚與世代交替的方式皆不盡相同。

●蜂群中唯一的蜂后僅負責產卵繁殖，是蜜蜂家族最高位的生殖階級。（苗栗公館）

昆蟲的生命安危

在大自然中，任何一種昆蟲都是整體食物鏈的一員。由於昆蟲體型微小，為了確保自身的生命安全及族群的長久存續，昆蟲會盡量發揮其求生本能，來避免天敵的侵犯——平日即做好「避敵」的預防措施，一旦遭受攻擊，也能使出招數「自衛」，以求安全逃生。

避敵法

昆蟲一般最常見的避敵方式有三大類，其一是體色模仿棲息環境，讓天敵不易察覺牠的存在；其二是偽裝或擬態成天敵不感興趣的物體或種類；其三則是以部分外觀模仿其他兇惡的動物，使天敵誤以為是可怕的敵人，如此一來，即可躲開天敵的侵擾，安安穩穩地過日子。

保護色：運用和自然環境相同色調的體色來隱藏行蹤，是不少昆蟲減少天敵侵害的保命方式。這種具有保護安全作用的體色，就稱為「保護色」。

綠色和褐色兩大色系是昆蟲棲息環境中最常見的顏

●褐色蛇目蝶置身枯葉中，敵人很難發現牠。（知本）

色，因此昆蟲的保護色也幾乎都以這兩類顏色為主。有趣的是，某些昆蟲同一種的個體間，有的體色是綠色，有的是褐色。牠們自然不會像蜥蜴般隨不同棲息環境改變體色，

但是卻懂得選擇在與自己體色相似的環境中生活，可說是昆蟲一項相當有趣的求生本能。

偽裝術：某些昆蟲為了減少天敵的威脅侵犯，經過長久累代演化之後，外表便會長成酷似其他的物體，這種與生俱來的障眼法便稱為「偽裝」。通常這些昆蟲偽裝的對象，大多是掠食性天

●枯葉蝶偽裝成枯葉，幾可亂真。（大屯山）

●綠色台灣騷斯棲息於綠葉叢間，可確保安全。（花蓮南安）

●螳螂高舉帶刺的前腳，攤開雙翅，準備禦敵。

敵不能吃、不願意吃的植物或物體，例如鳥糞，或植物的枝葉、果實。一旦被天敵們遇見，自然胃口缺缺、不會久留，昆蟲便能因此逃過一劫。

擬態術：如果某些昆蟲經過長年演化之後，牠們的外觀變成酷似另外一種昆蟲，而被模仿外觀的這些昆蟲，通常是兇猛或有毒的種類，吃過虧的掠食性動物再也不敢隨意侵犯牠們。於是這些外觀模仿其他危險昆蟲的生態，就被稱為「擬態」。例如食蚜蠅大都擬態成蜜蜂，無毒的斑鳳蝶擬態成有毒的

●枯球蘿紋蛾翅膀上的詭異眼紋是恐嚇矇騙敵人的花招（藤枝）

青斑蝶等。

假眼紋：在適者生存的自然法則下，不少昆蟲逐漸演化出奇特的外觀，足以和牠們的天敵大玩欺敵保命的心理戰，其中一項便是「假眼紋」。假眼紋是成蟲或幼蟲身上如眼睛般的花紋，也可以說是矇騙敵人的另一項擬態花招——大的假眼紋可以恐嚇天敵，小的假眼紋則可以作為轉移攻擊要害的犧牲

點。

許多常見的鳳蝶幼蟲和天蛾幼蟲，都有具威嚇功能的假眼紋。不少蛇目蝶、小灰蝶的下翅外側或後側，則具有轉移攻擊目標的假眼紋。

自衛法

大敵當前時，小昆蟲要如何自保呢？從溜之大吉、裝死，到各種形式的反擊，花招百出，令人不能小覷。

●擬態成蜜蜂的食蚜蠅，可以減少敵人侵犯的可能性。（貢寮）

●象鼻蟲偽裝成鳥糞，是非常高明的障眼法。（北橫巴陵）

警戒色

大部分身上有毒的昆蟲、幼蟲，甚至蛹，外觀上幾乎都有一個共通的特色，那就是體色或斑紋鮮艷、對比強烈，甚至光彩奪目。這樣的外觀特徵代表著強烈的警示作用，通稱為「警戒色」，可以讓無知吃下牠們的天敵永遠記得牠們特殊的長相，或是讓曾經吃過虧的天敵，知道這是不好惹的對象，不可以再隨便侵犯。

●看到斑蝶幼蟲這樣的體色，恐怕少有小動物敢下手捕食。（永和）

43

直接逃避：絕大部分的昆蟲在遭受天敵攻擊的當時，都會使出最直接的反射動作——設法飛或跳或跑，趕緊逃離危險的現場。

例如蝴蝶、蛾、蚊、蠅、虻、蜻蜓、豆娘、蟬和部分金龜子等動作靈敏又擅長飛行的昆蟲，只要遇到輕微的騷擾驚動，牠們便會本能地到處飛竄，藉著快速的飛行逃過一劫。

而蝗蟲、螽斯、蟋蟀、葉蟬、廣翅蠟蟬、沫蟬和部分的金花蟲等，雖然飛行速度不夠快，但是牠們擁有發達的跳躍式後腳，一旦遇到危險的狀況，習慣採用瞬間彈跳或是連跳帶飛的方式來閃避外來的侵害與追擊。

蟑螂、步行蟲、放屁蟲、虎甲蟲則是快速疾行的高手，危險時刻就緊急爬竄，一樣可以逃避敵害。

裝死：由於許多昆蟲的天敵不吃死屍，因此，以裝死來脫身可說是一種智慧的反應，在六足世界裡，擅長「裝死」的多不勝數。

其中，多數甲蟲即是慣用「裝死」避敵的能手，不論是瓢蟲、象鼻蟲、鍬形蟲、叩頭蟲、金龜子、天牛、黑艷蟲或閻魔蟲等，當牠們遭到驚擾時，馬上會將六腳和觸角向內縮、動也不動，就像隻死蟲子一樣。若剛好在植物枝叢間活動，六腳一縮的結果，先是筆直向下降落，接著，動作迅速的會在半空中伸展出下翅，趁機飛離危險現場，動作慢的則會掉入雜亂的草叢地面，好一陣子不再有任何動靜。不論是瞬間裝死或長時間裝死，都是逃避天敵近身攻擊的絕招，具有不錯的保命效果。

少數吃食草本植物葉片的

蝴蝶、蛾的幼蟲，也有在危急時候「裝死」、向下掉落以逃命的本能。不過，吃食木本植物的蝴蝶和蛾的幼蟲就不會有這樣的反應，否則從高大的喬木上裝死掉落，恐怕未被捕食，反而先摔死了。

●瓢蟲會裝死以求自保（永和）

反擊：除了逃避以外，在遭到侵犯時，有些昆蟲會衡量自身的能力與對手的傷害程度，而施展出積極、兇猛的攻擊——用毒針、用大顎、用腳，試圖擊退或嚇阻敵害。

蜂是運用毒針最典型的代表，無論是姬蜂、長腳蜂、虎頭蜂、蜜蜂、熊蜂、細腰蜂等，雌蜂或工蜂尾部的毒針便是反擊的最佳武器，想要加害牠們的天敵，難免得冒著被螫傷、甚至螫死的風險。

用強壯或銳利的大顎來反咬天敵，也是昆蟲世界中一項積極攻擊的方法，在突發的兇惡反擊過程中，這些昆

●擅長飛行的昆蟲都會以快速飛行來逃避敵害（埔里）

●帶有尖刺的強勁後腳，是蝗蟲攻擊敵人的最佳武器。（知本）

蟲可以趁著對手疼痛慌亂的瞬間順利逃命。經常採集昆蟲的人，恐怕多少都有被鍬形蟲、天牛、螽斯、蝗蟲、石蛉等昆蟲咬痛或咬傷過的經驗。

有些昆蟲驅敵的祕密武器是強壯的前腳或後腳，尤其腳上若帶有尖刺，威力就更驚人了。使用這種攻擊法的昆蟲以蝗蟲和螳螂為代表。

用毒保命：除了蜂或少數螞蟻會用毒針反擊之外，大自然中，天生懂得用毒來防身或保護族群命脈的小昆蟲更是不勝枚舉。

某些蛾類的幼蟲，例如刺蛾、毒蛾、枯葉蛾和部分的

●被刺蛾幼蟲身上的毒刺扎到會疼痛不堪（陽明山）

燈蛾，身上都長著或多或少的棘刺或細毛，這些毛刺和體內的毒腺相互連接，一旦人們不小心碰觸了，黏膜部位或較細嫩的皮膚便很容易疼痛、起泡；如果哪個天敵硬是將牠們吞食，當然也不會有好下場。所以，吃過虧的天敵下回若再看到相同的蟲子，就不會再有任何食欲了。

有些甲蟲或蝴蝶、蛾類幼蟲身上雖然沒有毒刺或毒毛，人們用手去觸摸完全沒有危險，可是牠們體內卻含有各種特殊的毒素，不知情的天敵誤食之後，會發生各種不同的中毒反應，下回當然再也不敢捕食了。

某些昆蟲遭受攻擊時會直接分泌有毒液體，目的也是為了防止天敵吃食，例如紅胸隱翅蟲即是。

異味：常在野外活動的人，難免會遇上昆蟲的騷擾，除了有會螫人的蜂、令人渾身起雞皮疙瘩的毛毛蟲外，另一種經常遇到的不愉快經驗，大概就是某些昆蟲身上散發的怪味道了。

昆蟲的異味大致可分為腥臭與屍臭二類。前者包括俗稱「臭腥龜仔」的椿象及不少的瓢蟲、金花蟲、步行蟲、放屁蟲、擬步行蟲、偽瓢蟲等，後者首推昆蟲界的

「殯葬業者」──埋葬蟲為代表。

●埋葬蟲遇到攻擊時，會排放屍臭味的糞液自保。（陽明山）

●正在植物叢間吞食天牛的攀木蜥蜴（木柵）

昆蟲的終身大事

昆蟲的一生中有兩件最主要大事，其一是攝食成長，其二便是繁衍後代；在生產大典進行前，必然得經歷求偶與交配的過程，這是從事野外昆蟲觀察時，絕不能錯過的有趣主題。

昆蟲的求偶

昆蟲的種類繁多，大多數似乎也都遵循「雄追雌」的行為模式。但雄蟲在找尋雌伴的過程中，卻各有巧妙不同。以下大致分成五個類型來說明。

氣味相投型：很多昆蟲的雌蟲身上都會散發出一股有特定氣味的化學物質——「性費洛蒙」，雄蟲透過靈敏的嗅覺能循味找到遠距離外的雌蟲，而與牠交配。像是一般人熟悉的蠶寶寶的成蟲——蠶蛾即屬此類型。

歌聲傳情型：蟬、螽斯、蟋蟀的雄蟲都擅長鳴叫，除了可以向其他雄蟲宣示領域

●雄蟋蟀會高舉上翅、左右摩擦，來發出鳴聲，以吸引雌蟲的注意。（永和）

之外，另一目的便是向雌蟲展現「歌喉」，告知心上人自己身在何處，假如雌蟲被情郎迷人的「歌聲」打動，便會主動前去投懷送抱。

霸王硬上弓型：一般來說，大部分的昆蟲並不懂得「戀愛」，在求偶的過程中往往是雄蟲找到雌

蟲後，便主動趨前、直接強勢進行交配，而且雌蟲也多半不會拒絕，彼此依循本能完成配對的過程。

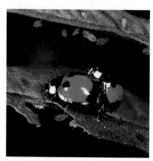
●大部分的昆蟲並沒有經過求偶的過程，就直接完成終身大事。（屏東潮州）

雙飛雙宿型：有時你會看到一隻雌蝶正專心訪花，雄蝶則在一旁飛舞。經過一番追求示好，雌蝶若滿意雄蝶的表現，便會揚翅與雄伴在空中近身比翼雙飛，一場短暫的「戀愛之舞」落幕，牠

●蝗蟲採用雄上雌下、頭尾同向的姿勢進行交配。

46

●黑鳳蝶雌蝶正專心訪花，雄蝶則在一旁飛舞，追求示好。（木柵）

們即直接飛入樹叢間完成終身大事。

摩擦生愛型：相較於其他鍬形蟲「霸王硬上弓式」的求愛法，台灣體型最大的鬼艷鍬形蟲便顯得特別有紳士風範。

夏、秋之際，柑橘園樹幹上很容易找到吸食樹液的鬼艷鍬形蟲，當雄蟲發現雌蟲時，牠會先盤據在雌伴的背上，以防別的情敵來搶，接下來牠便靜靜的等待，偶爾還會用觸角去摩擦雌蟲的身

●鬼艷鍬形蟲會先盤據在雌伴的背上，靜待雌蟲吸飽了樹汁，才開始與牠交配。（大屯山）

體，似乎在訴說著愛意，一直等到雌蟲吸飽了樹汁、願意委身下嫁時，雄蟲才會開始與牠交配。豆芫菁與條紋豆芫菁的求愛模式也是屬於此類型。

昆蟲的交配

昆蟲交配時，對外在環境的敏感度最低，而且雌、雄蟲連在一起，逃起命來速度慢又不協調，可說是仔細觀察牠們的最佳時機。

在野外環境中，滲流樹液的樹幹、昆蟲的蜜源花叢和昆蟲的食草植物上都是昆蟲進行洞房花燭的絕佳場合。昆蟲交配的姿勢也因身體構造不同，可以區分為六個類型，以下舉例來說明。

雌雄尾部相連，頭部反向：蝴蝶、蛾、椿象、大蚊等個性比較敏感的昆蟲，大部分均以這種方式進行交配。

由於雌雄雙方的方向相反，若要迅速起飛，經常是體型較大、力氣較猛的雌蟲拖著雄蟲飛，動作不協調，飛行的速度當然變慢。因此，就算不小心把牠們嚇跑，牠們也會在不遠的地方再度停下來。

●椿象以尾部相連、頭部反向的方式交配。（陽明山）

尾端不相連：這是蜻蜓、豆娘最獨特的交配方式。因為蜻蜓、豆娘雄蟲內生殖器的開口是在腹部尾端第十體節處，交配器則位於腹部前端第二體節的下側。當牠想要與雌蟲交配前，會先彎曲腹部自行將精子從尾端傳輸到交配器的儲精囊中儲存，一旦找到雌伴時，便迅速以

●尾端不相連是蜻蛉目專屬的交配方式（新店）

尾端的「肛附器」抓緊雌蟲的頭部後方，完成交配前的連結動作，若雌蟲打算交配，會彎下腹部，讓自己的尾端向前與雄蟲的交配器相連，以接受貯精囊傳送過來的精子。

雌上雄下，頭尾同向：這是蟋蟀獨有的交配方式。當雄蟲以摩翅發音將雌蟲吸引過來後，雌蟲會靠近雄蟲，墊高六隻腳讓雄蟲鑽進牠身體下側，接著，雄蟲才蹺高尾端和對方交配。

●雌上雄下、頭尾同向是蟋蟀獨有的交配方式。（永和）

雄上雌下，頭尾同向：幾乎大部分的甲蟲家族成員都是採用此姿勢交配，雄蟲攀在雌蟲背上，伸出尾端的交尾器向下與雌蟲連接。

●幾乎大部分的甲蟲都採用雄雌上下交疊、頭尾同向的姿勢交配。（陽明山）

雌雄側身並排，頭尾同向：採用側身並排姿勢交配的昆蟲不多，一般是大家較陌生的種類，例如在流水環境經常出現的石蠅；而水生椿象紅娘華也是用側身並排的姿勢進行交配。

●紅娘華用側身並排的姿勢進行交配（大屯山）

●黑翅蟬連接尾部後，身體會呈一斜角分置，並讓彼此的翅端局部交錯。（蘭嶼）

雌雄斜角分置，尾部相連：蟬、葉蟬的翅膀較長，不方便以前述幾種方式進行交配，於是牠們在連接尾部後，身體會呈一斜角分置，並讓彼此的翅端局部交錯。

另類婚禮

集團婚禮：由於覓食或趨光的機會，同種昆蟲經常成群相聚，自然很容易發生集體交配的情形。

在覓食的場合中，有些昆蟲會成雙成對連在一起，一面享用美食、一面交配，充分印證了「食、色，性也」這句至理名言。假如可供覓食的面積越大，集團婚禮的場面就會越壯觀。

夜行的昆蟲常趨集在光源附近，因此夜晚的水銀路燈就成了昆蟲的媒婆。而當某種族群量很龐大的夜行昆蟲趨光聚集在路燈附近時，自然有機會看到有趣或壯觀的集團婚禮場面。

搶老婆、鬧洞房：不同的昆蟲族群中，雌、雄蟲的數量比例各不相同。當雄蟲的數量遠超過雌蟲時，為了求得與異性交配的機會，常會發生成群雄蟲將一隻雌蟲團團圍住、彼此爭先恐後想一親芳澤的搶老婆混亂場面。

一般昆蟲交配總是不愛太過招搖，多半選擇較隱密的地點，但偶爾仍會被其他前來覓食的雄蟲撞見，此時這位王老五可能會湊上前去攪和一陣，於是便形成非常有趣的「鬧洞房」情形。

●紅螢有時也會鬧洞房，形成兩隻雄蟲夾著雌蟲不放的有趣畫面。（知本）

昆蟲的傳宗接代

昆蟲在長大成蟲時，均已步入生命末期，許多雄蟲在與雌蟲交配過後，會在很短的時日內逐漸衰弱死亡。而剛交配過後的雌蟲則還有最後一項、也是最重要的大任務，那就是產卵、繁殖後代。

產卵的地點

大部分的雌蟲都懂得找到最合適寶寶棲息的環境或是方便吃食的地方，將腹部內的卵，逐次或一次全部產下，才算真正完成牠所有的「蟲」生大事。

產卵於植物上：標準的植食性昆蟲中，有不少種類食性非常專一，只願意吃某一種植物或是少數幾種植物，這些特定植物便被稱為這些昆蟲的「食草植物」或「寄主植物」。

這些昆蟲的雌蟲一般都能利用靈敏的嗅覺找到這些特定植物，然後把卵產在寄主植物的葉片、嫩芽、枝條或樹皮縫隙上。這些雌蟲有的

●在寄主植物上產卵的雌椿象（埔里）

一次只產下一粒卵，然後在另一個位置，甚至另一棵寄主植物才再產下另一粒卵；有的一次產下三、五粒卵；有的則會產下數十粒至數百粒卵，整齊地排列在一起。

產卵於動物上：很多肉食性昆蟲都擅長捕食弱小獵物，雌蟲並沒有必要將卵產在其他小蟲子的身上。倒是寄生性昆蟲的雌蟲有著驚人

的本能，可以循味找到特定的寄主昆蟲或節肢動物，然後再把卵產在寄主上，孵化後的幼蟲便可以順利寄生在寄主體內。

●寄生蜂會在椿象的卵粒間產卵，讓孵化後的幼蟲可以順利寄生。（北橫上巴陵）

隨處產卵：昆蟲世界中，有少部分看起來毫無責任感的媽媽，經常將卵隨處產下，似乎毫不考慮自己的寶寶到底找不找得到食物。不過，最後存活下來的幼蟲反

●黃盾背椿象產卵後，會一直守著卵粒，善盡保護之責。

●趨光後直接在電線桿上產卵的毒蛾，一點都不顧慮孩子將來的溫飽。（福山）

●豆娘雌蟲會將卵產在寶寶的生活環境中（貢寮）

而因此成了適應力極強的菁英，這類昆蟲也成為不易滅絕的優勢種，可說是因禍得福。例如不少夜間趨光飛行的雌蛾即屬此類。

產卵於寶寶的棲息環境中：擅長捕食各種小獵物的肉食性昆蟲或是食性較廣的雜食性昆蟲，雌蟲比較不需要將卵產在特定的植物或動物身上，但是還是會按照本能天性，將卵產在寶寶最合適的棲息環境中。如豆娘與蜻蜓即是如此。

護卵的方法

昆蟲的卵毫無自衛能力，因此大部分昆蟲只能多生一些卵來增加自己後代的存活機率，但是萬一被肉食性椿象或寄生蜂找到了，下場常都是全軍覆沒。

為了減少被天敵找到的機會，有些昆蟲雌蟲在產卵的同時或產完卵後，還進行一些特別的保護措施。

設護卵罩：鱗翅目的蛾或蝴蝶中，有些成蟲腹部末端生有長毛，產卵的同時，順便將尾部的長毛沾黏在卵粒上，卵粒有了長毛的層層覆蓋，當然比完全暴露安全得多。

而琉璃波紋小灰蝶在豆科植物花苞上產下幾粒卵後，隨即會從尾部分泌膠質泡沫

●雌燈蛾會一邊產卵，一邊將尾部長毛沾黏、覆蓋在卵粒之上。（新店）

將蝶卵完全包覆，不久，這些膠狀泡沫即可硬化成絕佳的防護罩。螳螂和蝗蟲也多有分泌膠狀物以包覆卵粒、形成卵囊的習慣。

構築育兒搖籃：部分昆蟲的產卵量雖少，可是雌蟲會花費相當多的時間與功夫，替自己後代的成長做好萬全準備，如此幼蟲孵化後再也不必拋頭露面，可以安心的躲藏在媽媽事先構築的育嬰溫床中攝食成長，直到牠們蛻變為成蟲後，才會離開小時候的「家」。例如捲葉象鼻蟲、泥壺蜂、細腰蜂都是如此。

●捲葉象鼻蟲雌蟲會把小卵包裹在葉苞最中央，形成最安全舒適的育兒搖籃。（內雙溪）

親蟲護卵：大部分昆蟲產完卵後，與蟲卵之間便不再有任何互動關係，甚至連社會性昆蟲的卵，也是由其他同輩的工蟻或工蜂來照顧保護，可是仍有部分昆蟲有親蟲保護卵粒的行為。例如螻蛄、黃盾背椿象及負子蟲。

昆蟲的越冬

嚴寒的冬季，野外的昆蟲似乎都已銷聲匿跡。難道夏日活躍的昆蟲，全都凍死或餓死了嗎？其實不然，無論哪一種昆蟲，在冬天來臨時，或許整體數量會大幅減少，但是絕對不會全部死亡，否則隔年的活動旺季中，誰來傳宗接代呢？因此在冬季，牠們其實是以各種生命形態，靜靜地躲在大自然中的隱蔽角落，蟄伏等待隔年春天的來臨。這種類似哺乳動物冬眠的行為，稱之為「越冬」。

越冬的方法

昆蟲種類繁多，有的是卵越冬，有的是幼蟲、蛹，或成蟲越冬。利用晴朗的冬季假日出門，去搜尋越冬的昆蟲，是最具挑戰性的昆蟲生態觀察活動，如果運氣好，會有讓人意外驚喜的收穫。

卵越冬：秋末時節，各地低海拔山區的路旁，不難發現台灣大蝗的雌蟲，牠將腹部末端插入泥土產卵，但這些卵囊中的卵粒並不馬上孵化，它們會在寒冬中暫停發育，直到隔年春天才孵化出一隻隻小若蟲。其他像螳螂、家蠶蛾、某些小灰蝶也是以卵的形態來渡過冬天。

幼生期越冬：昆蟲的幼生期——包括若蟲、稚蟲、仔蟲等，最主要的活動便是攝食成長，如果某些昆蟲的幼生期特別長，在食物匱乏的寒冬，只好以幼生期的形態越冬休眠。

台灣的蝴蝶以幼蟲形態越冬的不少，例如大紫蛺蝶、白蛺蝶、紅星斑蛺蝶、豹紋

●在樹下的落葉堆中越冬的大紫蛺蝶幼蟲（北橫大曼）

蝶、大白裙挵蝶、台灣大白裙挵蝶、曙鳳蝶、還有很多分布於中、高海拔的蛇目蝶。由於種類的差異，這些蝴蝶幼蟲越冬棲息的地點和方法各有巧妙不同。

蛹越冬：在完全變態昆蟲的生活史中，蛹本來就是一個幾乎不會移動位置、也不

會進食的過渡時期，所以很多昆蟲剛好利用這個階段來休眠越冬。例如多數的鳳蝶及某些蛾類即是如此。

成蟲越冬：成蟲期是所有昆蟲生活史中，活動力最強的階段，習慣以成蟲形態越冬的昆蟲，常會在大自然中找到非常隱蔽安全的地點以渡過寒冬。而且有些同種昆蟲會彼此趨集群聚在一起，利用呼吸新陳代謝所散發的微弱熱能，來達到相互取暖的作用。很多瓢蟲、金花蟲、椿象等都是成蟲越冬，而且也有群聚越冬的習性，在台灣最具可看性的，莫過於斑蝶成蟲的集體越冬現象。

●在山區廢棄的木材堆縫隙中，集體越冬的瓢蟲。（三峽）

相遇篇

如何與昆蟲相遇？

　　許多人都曾聽說，到美濃的黃蝶翠谷，可以欣賞到數以千、萬計的淡黃蝶群聚飛舞或吸水的壯觀奇景，但真正有此「艷遇」的人卻不多，這是怎麼一回事呢？

　　原因其實很簡單，那就是：沒有在最適當的季節、時間，找到最正確的環境、地點，自然與蟲兒無緣囉！

如何和淡黃蝶相遇？

1.該選擇什麼季節、時間？

春、夏兩季最適宜，尤其五、六月的蟲相最佳。而由於淡黃蝶是晝行性昆蟲，因此應選擇白晝時間，尤其最好是晴朗無風的天氣。

2.該選擇什麼樣的環境？

台灣從平地到低山區到處可見淡黃蝶，南部最多，尤其美濃黃蝶翠谷及六龜彩蝶谷一帶，由於附近有低海拔的鐵刀木樹林區，提供淡黃蝶幼蟲喜好的食草，因而產生淡黃蝶大量聚集的景觀。

3.該選擇什麼樣的小地點？

由於淡黃蝶喜吸水，因此，黃蝶翠谷雙溪上游及六龜彩蝶谷紅水溪上游的溪邊溼地，可以欣賞到群蝶吸水的奇景。

在什麼時候找昆蟲？

由於不同的昆蟲有不一樣的生活史週期，因此牠們成蟲活躍的季節也會有相當大的差異；此外，不同昆蟲其生活作息亦不相同，有的是白晝客，有的是夜行俠。為避免訪蟲時期待落空、敗興而歸，瞭解什麼樣的季節、時間有什麼樣的昆蟲，是訪蟲前可預作的功課。

選什麼季節？

喜好昆蟲的新鮮人，該選擇什麼樣的季節外出探訪，才能與最多的昆蟲相遇？如果對某一種昆蟲情有獨鍾，該把握什麼樣的時機，才不會錯過良緣？

無特定觀察對象時

整體而言，春、夏二季是大部分昆蟲繁衍下一代的旺季，因此，也是許多成蟲最活躍的季節。假如沒有特定要觀察的種類或景觀，那麼，每年五至九月間是觀察一般昆蟲生態最適合的月分。

有特定觀察對象時

對某些昆蟲而言，必須確知成蟲出現的季節，才能找到牠們的蹤影。

57頁的圖表中整理了台灣多種昆蟲特定出現的月分。表中所列多為一年一世代的種類，因為牠們成蟲羽化的季節比較固定。其他常見種類中，有的一年有兩個以上的世代，而且不同世代常有重疊的現象，成蟲出現的季節就比較不固定，很多種類是除了冬季以外均有機會見到的。

此外，表中所列的月分僅為常態統計的結果，並不代表其他月分一定見不到。例如曙鳳蝶成蟲雖然集中出現於七至九月，但是少數老雌蝶即使到了十二月仍有可能存活，並出現在較低海拔的山區。在十二月，台灣北部已經很少見到台灣大蝗的成蟲，但是在南部較溫暖的地區，隔年二月依然見得到。

●冬季紋白蝶會大量繁殖，是最佳的觀察季節。（新埔）

蟲迷時間

冬春時節看紋白蝶

紋白蝶或台灣紋白蝶一年至少有四、五個世代，因此台灣各地四季都可見到牠們的芳蹤，但在多數昆蟲活躍的春、夏季節，牠們反而因為數量不太多，沒有引起太多注意。

反倒是冬季或早春時節，可能由於牠們的天敵減少，使得紋白蝶得以趁機大量繁殖；加上此時正好是各地稻田間作期，很多農民會種植十字花科蔬菜，例如：高麗菜、小白菜、蘿蔔、芥藍菜等，或廣植油菜作為綠肥植物；另外，冬季各處荒地也有十字花科野草薺菜大量繁殖，正巧這些植物的葉片便是台灣紋白蝶和紋白蝶幼蟲最喜愛的食草，因此，晴朗的冬季和早春，反而成了觀察紋白蝶生態的最佳季節。

選什麼時間？

不同的昆蟲有著不同的生活作息，若因對昆蟲的作息時間沒有概念，以致和某些鍾意的昆蟲失之交臂，錯過觀察昆蟲生態的好時機，豈不十分可惜？

下面就以一般人最喜歡觀察的成蟲活動和幼蟲蛻皮、羽化兩種情況，分別來說明。

成蟲活動的時間

由於種類的差異，昆蟲成蟲在一天中最活躍的時間各不相同。簡單區分，成蟲依活動的時間可分成晝行性、夜行性兩大類，而部分夜行性昆蟲還有趨光的習性。

白晝：大家較熟悉的昆蟲中，蝴蝶、蝗蟲、蟬、蜻蜓、豆娘、蜜蜂、蒼蠅、螳螂、瓢蟲……等，其大部分種類都習慣在白天活動。

習慣白天活動的昆蟲中，某些種類會有特別活躍的時段。以蝴蝶為例：大部分種類偏好在上午活動，尤其是中、高海拔某些較稀有的小灰蝶，甚至只有在早晨才特別活躍，一過中午，便不容易發現牠們的蹤影。

而喜歡日照充足的部分蛺蝶，卻在上午九點至下午三點間最常見，而且還經常在大太陽底下活動哩！

蛇目蝶的習性又不相同，牠們偏好在晨昏時段活動，艷陽高照時，多半棲息在陰暗的樹林裡。

一般而言，颳大風、下大雨的時候最不適合昆蟲外出活動，因此碰到這種天氣時，昆蟲與其他動物一樣，會找較隱蔽的場所遮風躲雨。

另外，有些昆蟲也不喜歡乾燥酷熱的天氣，生活在蘭嶼的珠光鳳蝶便是典型的例子。在一般晴天，牠們多利用晨昏時段活動，中午時則會棲息在樹蔭下的葉面躲避艷陽；多雲微涼，甚至下著毛毛雨的天氣，反而是牠們最活躍的時候。

夜晚：家居環境中，蟑螂是大家最熟悉的夜行性昆蟲，牠們白天難得外出活動，一旦到了深夜，便在屋內四處橫行。

野外的昆蟲世界裡，同樣有不計其數的標準夜行性昆蟲，像是獨角仙、螽斯、金龜子、天牛、鍬形蟲、蛾、蟋蟀、步行蟲、象鼻蟲……等都屬此類。

不少竹節蟲是夜行性昆蟲，白天不但躲藏在較隱密的樹叢、草叢之間，並且有絕佳的偽裝與保護色來隱藏行跡，當然不容易找到。可是到了夜晚，只要拿個手電筒在野外山路旁的草叢找一找，不僅可以輕易地看見牠們覓食或緩慢爬行的身影，連雌雄配對交尾的畫面也十分常見。

●夜晚在山路旁很容易找到竹節蟲（陽明山）

●晝行的紋胸鋸角螢不會發光（新店）

蟲迷時間

螢火蟲也有晝行俠

大家都知道，要欣賞「火金姑」（螢火蟲）閃爍星光般的身影，得利用夜晚到郊外或山區才有機會見到。然而在鞘翅目螢火蟲科的小家族中，仍有些種類習慣在白天活動，例如山區常見的紋胸鋸角螢就是晝行性昆蟲，且牠還不會發光，不熟悉的人只會將牠當作一般不知名的小甲蟲罷了。

趨光的昆蟲

不少金龜子、天牛、鍬形蟲、蛾、蟋蟀、螽斯、步行蟲、象鼻蟲等夜行性昆蟲，都有趨光的習慣。只要利用夏夜前往鄉下田園附近、郊外的廟宇，或山路的路燈下，要找到這類夜行性昆蟲並不困難。

這些昆蟲之所以趨光，是因為本能的反應，在夜晚飛行時，因受到強光的干擾而越飛越靠近光源，最後便會集結在燈火附近。

但由於種類的差異，其實有一些昆蟲並不喜歡在明亮的地點棲息，因此，當牠們趨集到路燈附近之後，有的會停在路燈旁的樹叢、草叢葉面或馬路地面上；有的為了避免強光照射，則會躲進路燈下的雜物或石塊縫隙中。另外，還有不少令人驚喜的夜行性甲蟲可能躲藏在其他隱密的角落，只要在光源四周到處搜索，便有可能與牠們相遇。

●夜晚的山路路燈下，常集結大量趨光的昆蟲。（南澳神祕湖水銀燈誘集）

蟲寶寶蛻皮、羽化的時間

毛毛蟲蛻變成翩翩舞姬、蜻蜓稚蟲出水羽化為身姿曼妙的成蟲……，這些生態攝影家鏡頭下的精采畫面，平時我們總以為無緣得見，其實，只要掌握一些生態知識，你也可能成為幸運的目擊者！

夜晚： 昆蟲生活史中的蛻皮或羽化階段，可說是活動力最弱的時候，為了避免在此時遭到天敵侵害，因此，大多數昆蟲，不管是晝行性或夜行性，包括螳螂、螽斯、蜻蜓、蟬、竹節蟲等，都習慣利用夜晚來進行蛻皮或羽化。

因此，想要觀察這類豐富精采的蛻變過程，選擇晚上出門是明智的決定。如果無法外出，自行飼養或從野外

●蝴蝶多半在夜晚羽化（永和）

採集回家的蝶蛹，也多半是在夜晚進行羽化的蛻變，只要在家中耐心守候至深夜，應該都能夠目睹那短暫而動人的變化。

清晨或上午： 習慣早睡的人倒也不必擔心無法觀察昆蟲的蛻變生態，因為有些昆蟲反而是在清晨或上午才開始蛻殼羽化。

例如有不少蟬的若蟲是在天黑之後，陸續自地底爬到樹幹或草叢間蛻殼羽化，但是黑翅蟬卻選擇清晨時分進行羽化大典。

●黑翅蟬習慣在清晨羽化，羽化之初，翅膀還是白色的。（蘭嶼）

許多蜻蜓或豆娘的稚蟲是在深夜爬出水面外蛻殼羽化的，但是棲息在溪流上游的一些春蜓科蜻蜓，例如紹德春蜓、錘角春蜓或闊腹春蜓等，則常利用上午爬到溪邊石塊上羽化。只要在牠們羽化的尖峰季節多多留意，短短一個上午，便可能找到數隻接連出水蛻變的稚蟲。

蟲迷時間

昆蟲睡覺嗎？

其實不論習慣晝行或夜行，多數昆蟲在牠們完全不活動的時間裡，幾乎都是躲在比較隱密安全的場所休息睡覺。

昆蟲怎麼睡：因為昆蟲的眼睛沒有眼皮或眼瞼，無法閉上，因此，除非牠在睡覺時有不同於平時棲止的姿態，否則，我們實在很難看出牠們是在睡覺，或只是停下來不動而已。

但有少數種類的昆蟲睡覺時的姿態和平常棲止時完全不同，我們很容易可以判定分別。例如：大部分的鳳蝶平時停下來吸食花蜜或吸水時，會將左右翅夾緊豎在背上；而當牠們要休息、睡覺時，則是將左右翅向外攤平，上翅還會局部覆蓋下翅。

昆蟲何處眠：晝行性的昆蟲，像是前面提到的鳳蝶，當晚上睡覺時，或是白天因天氣太熱、天氣不好、飛行太累而想休息時，通常會飛進隱密的樹林中，停棲在某個植物的葉片上。

同樣的道理，夜行性昆蟲白天睡覺時，通常也會找較陰暗的角落棲息。例如，很多蛾會在樹林中的樹皮上、樹葉葉背下睡覺；蟋蟀常躲藏在地洞中；螽斯、竹節蟲隱藏在草叢裡；天牛則棲息在樹叢的枯枝葉上，利用保護色來隱蔽自己的行蹤。另外，還有很多夜行性昆蟲會躲藏在樹皮縫隙、落葉堆中、朽木屑裡、石塊底下，甚至鑽入土底去休息睡覺。

●黑鳳蝶休息時會將翅膀向兩側攤平，如下圖；棲止覓食時，則習慣將翅膀豎在背側，如右上圖。（永和）

不睡覺的昆蟲：在五花八門的昆蟲種類中，還是有一些昆蟲不論白天、夜晚都會外出活動，最典型的例子要算是螞蟻了。尤其是勤勞的工蟻，幾乎是不分晝夜到處覓食，帶回巢穴去貯糧，或分享同伴、哺育幼蟲。偶爾隨遇而安的停歇片刻，恐怕也沒人看得出來牠們是不是在偷懶睡覺吧！

觀察昆蟲的歲時表

● 白晝　　◗ 夜晚

蟲名	晝夜/月份	一	二	三	四	五	六	七	八	九	十	十一	十二
獨角仙	●◗					★	★	★					
鬼艷鍬形蟲	●◗						★	★	★	★	★		
紅圓翅鍬形蟲	●							★	★	★	★	★	
環紋蝶	●					★	★						
斑鳳蝶	●			★	★								
越冬谷紫斑蝶	●	★	★										
黃領蛺蝶	●			★	★								
輕海紋白蝶	●						★	★	★				
鹿野波紋蛇目蝶	●					★	★	★					
曙鳳蝶	●							★	★				
深山粉蝶	●					★	★						
鋸翅天蛾	◗		★	★	★								
烏麗燈蛾	◗						★	★	★	★			
黑翅蟬	●				★	★	★						
熊蟬	●					★	★	★	★				
台灣騷蟬	●						★	★	★	★	★		
大螳螂	●◗								★	★	★	★	
台灣大螳	●								★	★	★	★	
彩裳蜻蜓	●						★	★					

到什麼環境找昆蟲？

懂得掌握昆蟲的作息時間和生態季節之後，接下來，就要進行環境的判讀，也就是進一步來認識「什麼環境有什麼樣的蟲」。首先，你可以參考下面三個要訣，選擇有豐富昆蟲資源的「大環境」，然後再依其中不同的「小環境」，找到各種不同生活習性的昆蟲。

選哪樣的大環境？

這裡所謂的「大環境」，指的即是可探尋昆蟲的去處，當然最好是有豐富昆蟲相的地方。假如想要外出探訪昆蟲世界，心中卻沒有特定的目標或地點時，只要注意以下三個要訣，一樣可以大豐收。

1. 選擇植物種類多且生長茂盛的地點

植物是整個大自然食物鏈中最基層的生產者。植物的種類越多，便可以孕育越多植食性昆蟲；有了大量屬於一級消費者的植食性昆蟲，當然也會出現許多肉食性昆蟲、雜食性昆蟲、腐食性昆蟲這些二級、三級的消費者或分解者，進而形成完整的生態體系。

因此，找昆蟲的首要之務便是要找植物種類繁多、生長茂盛的環境。

2. 選擇環境歧異度高的地點

不論是樹林、草叢、公園、菜園、果園、溪谷、池塘等，隨處都有昆蟲，而且，不同環境孕育棲息的昆蟲種類也有很大的差異。

因此，假如能夠找到某處地點既有樹林、草叢、溪谷，又有農田、果園，甚至池塘，那麼遊走穿梭在歧異度如此高的環境間，保證可以找到最可觀的昆蟲種類與昆蟲數量。

3. 選擇中海拔附近的地點

台灣擁有非常豐富的昆蟲資源，如果有心要認識各種不同的昆蟲，當然要跑遍平地到高山所有不同的環境。

可是，對於初入門的昆蟲觀察者而言，剛開始能夠投入的時間恐怕有限，這時若想找一些平時比較罕見的昆蟲，那麼中海拔山區是最優先推薦前往的地區，這是因為中海拔地區的昆蟲種類和低海拔或高海拔地區的有部分重疊，涵蓋面較廣之故。

選哪樣的小環境？

準備探訪昆蟲的朋友，抵達某個大環境之後，應該注意哪些小環境地點，才能找到最豐富多樣的昆蟲生態呢？

以下根據各類昆蟲的攝食習性和棲息場所，為大家歸納出四種類型的小環境——流水環境、林道環境、靜水環境、農園環境。

在出發找蟲之前，不妨先參考60至75頁的小環境生態圖，並對照文字解說，先熟悉昆蟲日常的藏身之處。到了野外，再往這些地點尋覓，只要耐心地放慢腳步、彎下身子，發揮十足的觀察力，那麼，再小的蟲子也都能夠找得到。

流水環境
溪流上游或小支流溪谷地

林道環境
公路或產業道路旁的闊葉樹林

農園環境
菜園、農地、果園

靜水環境
樹林旁的湖泊、池塘、沼澤

59

流水環境常見的昆蟲

流水環境

抵達流水潺潺的溪谷環境之後，首先，可以鎖定溪邊的大石塊，上面經常停棲著幽螁科、珈螁科，甚至稀有的鼓螁科豆娘，以及數量也不少的春蜓科蜻蜓。如果夠幸運，還可欣賞到這些豆娘或蜻蜓的稚蟲在溪邊石塊上蛻殼、羽化為成蟲的精采過程。

溪邊日照較充足的潮濕砂地上，時常有機會觀賞到三五成群的昆蟲集體吸水的情景，其中有鳳蝶、粉蝶、小灰蝶等蝴蝶，有時連蜜蜂、長腳蜂或泥壺蜂也會出現。

大家比較陌生的昆蟲，例如螳蛉、石蛉、蜉蝣、石蠶

、石蠅，通常都棲息在溪邊的石塊或草叢間。而翻開乾燥砂地的石塊，底下通常可以找到步行蟲等白天藏匿其中的夜行性昆蟲。

溪谷兩側生長了茂盛的植物，無論是草叢或樹叢，還躲藏著更多陸生昆蟲。因此，只要沿著溪谷兩側的道路、步道或登山小徑行走，期盼和許多常見的陸生昆蟲相遇絕非難事，甚至連一些平常較少見的稀有種類，也有機會見到。

●溪石上的短腹幽螁（新店）

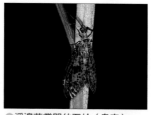
●溪邊草叢間的石蛉（烏來）

●石蠶（北橫池端）

●溪邊石塊間的石蠅（東埔）

●溪邊石塊下的步行蟲（觀霧）

❶無尾白紋鳳蝶
❷大螳螂
❸蜜蜂
❹草蟬
❺豆芫菁
❻白波紋小灰蝶
❼蜉蝣
❽金黃蜻蜓
❾貝氏虎甲蟲
❿黃石蛉
⓫藍金花蟲
⓬紅邊黃小灰蝶
⓭黑鳳蝶
⓮青斑鳳蝶
⓯青帶鳳蝶
⓰石蠅
⓱短腹幽螁

推薦地點

台北市：內雙溪

新北市：烏來紅河谷、娃娃谷、
福山村、貢寮草嶺古道
登山口、坪林、三峽滿
月圓

桃園市：小烏來、三民蝙蝠洞

新竹縣：尖石、五峰、清泉

苗栗縣：汶水溪、大湖溪

台中市：八仙山、石山溪、烏石
坑

南投縣：獅子頭溪、南山溪、東
埔

雲林縣：樟湖、草嶺

嘉義縣：瑞里、奮起湖、大埔

台南市：關仔嶺

高雄市：六龜、美濃、扇平、茂
林、多納

屏東縣：大津、四重溪、雙流、
七孔瀑布

台東縣：知本、紅葉

花蓮縣：三棧、富源、南安

宜蘭縣：五峰旗瀑布、清水溪、
金盈瀑布

（參見187～189頁地圖）

林道環境常見的昆蟲

林道環境

台灣山區的開發與破壞雖然日趨嚴重，但是對有興趣找尋昆蟲的人而言，公路、林道或產業道路旁，經常有較原始的闊葉樹林或闊葉樹種的再生林區，這些地點仍是找尋昆蟲的絕佳場所。

植物生長茂盛的路旁，總會自然繁衍出一些草本的供

●青剛櫟枝叢間吸樹液的昆蟲（北橫大曼）

●澤蘭花上吸蜜的蝴蝶（大屯山）

蜜植物，例如鬼針草、大花鬼針草、澤蘭、有骨消等。每當這些植物的花朵盛開，附近喜好訪花的昆蟲便很容易受吸引，前來棲息、聚集、覓食。

此外，長在路旁的木本植物，包括各類殼斗科植物、墨點櫻桃、莢蒾、刺楤、賊仔樹、食茱萸……等，在花期間，也會開滿整叢外觀雖不起眼，卻香氣四溢的小花朵，許多嗅覺靈敏的天牛、金龜子、吉丁蟲、叩頭蟲等，都會在花叢間流連駐足，運氣好的人一定可以找到珍貴美麗的稀有種。

而某些路旁木本植物的樹

●莢蒾花叢間的金龜子（觀霧）

幹上，偶爾會因病變、昆蟲寄生或外力摩擦而滲流出樹液，此時，像是鍬形蟲、金龜子、虎頭蜂、長腳蜂，及許多蛺蝶科成員等便會循味前來覓食。有時，還可見到不同類的昆蟲為了爭食，而相互驅趕的趣味景象。

走進樹林裡，不難找到枯死的朽木或橫倒地面的腐木，這也是尋找昆蟲的寶地，因為不少夜行性的昆蟲會躲藏在樹皮下或腐木堆中休息，許多甲蟲也會在枯木上產卵繁殖，有時甚至可以見到剛羽化的甲蟲從這些枯木中鑽洞爬出來的畫面。

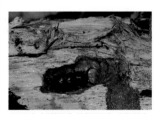
●朽木中剛羽化的鍬形蟲（梅峰）

❶台灣騷蟬
❷台灣深山鍬形蟲
❸長臂金龜
❹台灣大虎頭蜂
❺金毛四條花天牛
❻泥圓翅鍬形蟲
❼紅星斑蛺蝶
❽曙虎天牛
❾粉蝶燈蛾
❿小青斑蝶
⓫烏鴉鳳蝶
⓬淡黑虎天牛
⓭藍艷白點花金龜
⓮大麗菊虎
⓯北埔陷紋金龜

推薦地點

北橫公路
中橫公路
南橫公路
北橫宜蘭支線
中橫霧社支線
新中橫公路
北宜公路
蘇花公路
南迴公路
其他：更深山的林道或低
　　　山區的產業道路

（參見187～189頁地圖）

静水環境常見的昆蟲

靜水環境

　　鄉間、野外，甚至許多公園、校園中，常會有一些面積不大、岸邊水草叢生的湖泊、池塘或沼澤，這些地方可說是水棲昆蟲的天堂，像是蜻蜓、豆娘、水黽、龍蝨、牙蟲、豉甲蟲、紅娘華、負子蟲、水螳螂等，不管是稚蟲或成蟲，皆齊聚在此。

　　這些生活在水面上或水中的昆蟲多為肉食性種類，因此，各類水棲昆蟲彼此之間，甚至與其他水生小動物間，往往會形成大吃小、強吃弱的互動生態。通常只要水域中的水生植物眾多，自然可提供較多水棲昆蟲生活其中；水生植物越少的水域，水棲昆蟲相對便比較少見。

　　此外，如果這些湖泊、池塘或沼澤附近有樹林，則除了上述的水棲昆蟲之外，還可見到供蜻蜓、豆娘捕食不盡的眾多陸生小飛蟲，因此，不但可以在水域旁觀察蜻蜓和豆娘的生態，此處同時也是探尋陸生昆蟲的最佳場所之一。

●停棲在湖旁枝頭上的蜻蜓（宜蘭龍潭湖）

●水面上成群的豉甲蟲（蘭嶼）

●水黽會成群聚集在靜水的水面上活動（新店）

❶霜白蜻蜓
❷螳蟲若蟲
❸螢火蟲
❹姬赤星椿象
❺晏蜓水薑
❻點刻三線大龍蝨
❼負子蟲
❽松藻蟲
❾紅娘華
❿姬龍蝨
⓫紅腹細蟌
⓬紫紅蜻蜓
⓭剛羽化的晏蜓
⓮大華蜻蜓
⓯烏帶晏蜓
⓰水黽
⓱葦笛細蟌

推薦地點

台北市：內湖的大湖公園
基隆市：情人湖
新竹市：青草湖
台中市：霧峰林家花園的池塘
南投縣：埔里鯉魚潭、日月潭和
　　　　蓮華池
高雄市：澄清湖大門外的沼澤濕
　　　　地
宜蘭縣：雙連埤、福山植物園、
　　　　龍潭湖、梅花湖
花蓮縣：鯉魚潭
台東縣：蘭嶼的天池
其他：鄉間廢耕的水田或照顧不
　　　周、雜草叢生的魚池；各
　　　地公園、校園中種有荷花
　　　或蓮花的池塘

（參見187～189頁地圖）

農園環境常見的昆蟲

農園環境

不論是種植哪一種經濟作物，為了生計著想，許多菜園、農地或果園的農民都會定期使用殺蟲藥劑來抑制害蟲的破壞。

然而，台灣各地仍有一些非專業經營的農地，或是經營有機農業的農地，並不常噴灑農藥，於是便提供了昆蟲繁衍生長的機會。

高麗菜、小白菜、包心白菜、芥藍菜和蘿蔔等，都是菜園中的十字花科蔬菜，如果沒有噴灑農藥，菜葉上很容易孳生紋白蝶幼蟲、夜蛾幼蟲、蚜蟲、金花蟲，而且這些害蟲的天敵──瓢蟲或寄生蜂，也經常會穿梭於菜葉間，覓食或找尋產卵寄生的對象。

而絲瓜、南瓜等瓜類作物的花朵或嫩葉間，則有機會看到啃食為害的各種金花蟲；而有些金花蟲也會蛀食空心菜和甘藷的植株葉片。

此外，豆科作物的花叢間也常有多種前來訪花或產卵的小灰蝶。

至於鄉下的農地，如稻田、芋頭田、茭白筍田等靜水環境，則是找尋蜻蜓、龍蝨、負子蟲等水棲昆蟲的絕佳場所。特別是農地四周污染較少的田溝中，棲息著許多水棲昆蟲，其中以多種優勢的蜻蜓和豆娘最引人注意。

北部郊山的柑橘果園每年四月至十月都有不同的昆蟲陸續登場，絕對是喜好昆蟲的朋友萬萬不可錯失的昆蟲天堂！

柑橘樹幹內會有一、兩種天牛的幼蟲鑽洞蛀食，這些蛀食活樹纖維的天牛幼蟲習慣將糞便排在樹幹外，因此，位於樹皮上的「排便孔」（樹皮破洞）會一直滲流香醇的樹液，吸引蛺蝶、蛇目蝶、金龜子、鍬形蟲、虎頭蜂、長腳蜂、蠅、螞蟻等循味而來吸食；偶爾也有機會發現前來柑橘樹幹上產卵或求偶的天牛。

●絲瓜花上常有金花蟲駐足啃食（楊梅）

●郊外水田是觀察昆蟲的好去處（貢寮）

❶扁鍬形蟲
❷剛羽化的無尾鳳蝶
❸正在交配的獨角仙
❹寬腹螳螂
❺黃長腳蜂
❻黃守瓜
❼青銅金龜
❽杜松蜻蜓
❾孔雀蛺蝶
❿鼎脈蜻蜓
⓫正在交配的台灣紋白蝶
⓬台灣紋白蝶幼蟲
⓭瓢蟲幼蟲
⓮蚜蟲
⓯六條瓢蟲
⓰螞蟻

推薦地點

北部地區郊山中的柑橘果園
農家旁的小菜園、農地

訪蟲何處去？

以下推薦三種類型的訪蟲去處，並一一列出地點，讀者可依個人需要選擇前往。

●大眾化郊山區

都市近郊的小山、風景區或廟宇都是找尋昆蟲的好去處。這些遊客眾多的大眾化郊山區中有許多植物群落，雖然較少出現稀有罕見的昆蟲，但在步道旁的草叢或是樹林中，卻能找到不少常見的種類。而且，這些離居家不遠的郊山不但交通方便、行程短，有興趣的人還可以隨時利用晚間前往，找尋夜行性的昆蟲。（適合入門者）

●國有林森林遊樂區

海拔六百至二千公尺左右的山區中有不少森林遊樂區，這些地點的人為破壞較少、野生植物群落較豐富完整，而且食宿的安排也相當便利，可以同時兼顧休閒旅遊和知性賞蟲，在此極力推薦。（適合入門、初級者）

●蘭嶼

台東縣的蘭嶼是個地理位置特殊的島嶼，孕育出不少和菲律賓一樣屬於熱帶海岸林的昆蟲，而且有很多是台灣其他地方沒有的種類，因此可說是昆蟲收藏家和生態研究者熟知的昆蟲寶庫，非常值得前往。（適合進階者）

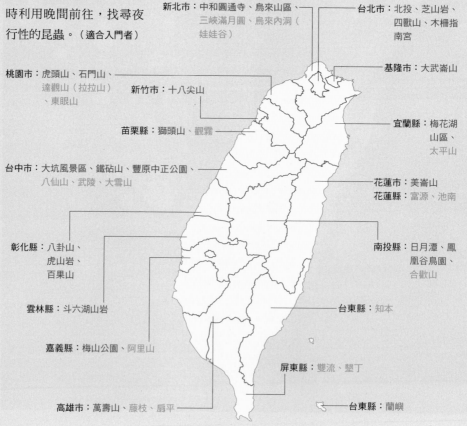

新北市：中和圓通寺、烏來山區、三峽滿月圓、烏來內洞（娃娃谷）

台北市：北投、芝山岩、四獸山、木柵指南宮

桃園市：虎頭山、石門山、達觀山（拉拉山）、東眼山

新竹市：十八尖山

基隆市：大武崙山

苗栗縣：獅頭山、觀霧

宜蘭縣：梅花湖山區、太平山

台中市：大坑風景區、鐵砧山、豐原中正公園、八仙山、武陵、大雪山

花蓮市：美崙山
花蓮縣：富源、池南

彰化縣：八卦山、虎山岩、百果山

南投縣：日月潭、鳳凰谷鳥園、合歡山

雲林縣：斗六湖山岩

台東縣：知本

嘉義縣：梅山公園、阿里山

屏東縣：雙流、墾丁

高雄市：萬壽山、藤枝、扇平

台東縣：蘭嶼

尋找身邊的昆蟲

昆蟲可說是無所不在的小動物，就算是不到郊外去，只在自己家中，或是住家附近的公園、人行道上，都有不少與昆蟲相遇的機會。

幾乎每一座小公園都能找到常見的昆蟲，例如花圃中訪花的蝴蝶、蜜蜂、長腳蜂和蠅，棲身於草叢間的蝗蟲與蟋蟀，駐足於樹叢中的毛毛蟲等。

就連馬路間分隔島或人行道上的樹叢、花叢間，或多或少也有機會找到昆蟲，最好的例子就是炎炎夏日在行道樹上高歌不斷的「知了」（蟬）了。

假如住家的陽台或頂樓種有各式各樣的盆栽植物，一樣會吸引優勢的昆蟲飛來繁殖、棲息。例如：四季柑的葉叢間常可找到無尾鳳蝶的幼蟲；天南星科植物的葉片可能發現天蛾的幼蟲；而各類植物的葉片上都很容易有蚜蟲、介殼蟲等小害蟲大量繁殖，同時，喜食蚜蟲蜜露的螞蟻，或以小害蟲為食的瓢蟲亦可能伴隨出現。

大家更別忘記，住家室內出現的昆蟲也不少！不論是蚊子、蒼蠅、螞蟻，甚至是蟑螂，都是最方便的生態觀察對象。

 蟲迷時間

聞聲覓蟲

昆蟲世界裡，「鳴叫」多半是雄蟲的專利。其中，蟬、蟋蟀、螽斯是野外最常見的三類鳴蟲，不論牠們是晝行性或夜行性，也不論躲藏在哪一個角落，依循著鳴聲去找尋，是最直接的方法。

不管這些昆蟲鳴叫的方式與聲調有何不同，其目的都是一樣的，即標示領域，並企求雌蟲的青睞。

三種鳴蟲中，蟬主要在夏天的白日高歌，蟋蟀與螽斯則多半於夏秋的夜晚鳴唱。循聲覓蟲時，記得動作要輕緩，萬一牠們被嚇著，聲音可能會暫時停止，這時可千萬別躁進，等一會兒，當牠們又恢復鳴叫時，再慢慢靠近，應該不難發現其蹤影。如果是夜間進行觀察，手電筒是不可或缺的工具。

觀察篇

走！看昆蟲去！

　　學會了辨識的「方法」、有了基本的「認識」、掌握了「相遇」的訣竅，接著，就是要走出戶外，看昆蟲去囉！

　　出發前，要帶全觀察與採集昆蟲的裝備；與昆蟲相遇後，先從「方法篇」檢索出昆蟲的大類，再依本篇建議的觀察要訣，由外觀特徵與生態行為兩方面進行觀察。如果所碰到的昆蟲，不屬於本書介紹的四十二大類亦無妨，可依「行動篇」建議的方法，留下觀察記錄，回家後再查閱圖鑑即可。

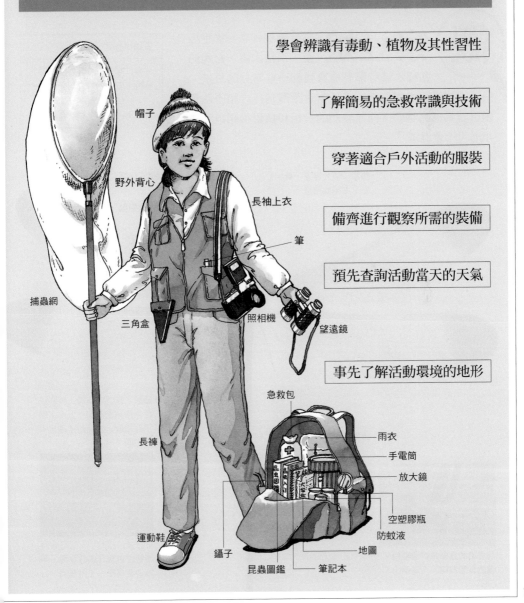

學會辨識有毒動、植物及其性習性

了解簡易的急救常識與技術

穿著適合戶外活動的服裝

備齊進行觀察所需的裝備

預先查詢活動當天的天氣

事先了解活動環境的地形

捕蟲網
帽子
野外背心
長袖上衣
筆
三角盒
照相機
望遠鏡
急救包
雨衣
手電筒
放大鏡
空塑膠瓶
防蚊液
地圖
長褲
運動鞋
鑷子
昆蟲圖鑑
筆記本

蜻蛉目的世界

全世界的蜻蛉目昆蟲約6000種，台灣已知最少有142種。蜻蛉目昆蟲大致包含「豆娘」和「蜻蜓」二大類。細長的身軀、兩對翅脈分明的透明翅膀，加上一對大複眼，是牠們外觀上共同的特色。其生活史屬於半行變態。

觀察豆娘

由春季到秋季，從平地至中海拔山區，台灣的各種水域旁都有機會找到一些常見的豆娘。只不過許多豆娘體型纖細又不常長距離飛行，稍不注意便很容易忽略牠們。而且牠們的長相和蜻蜓很相近，要小心可不要混淆了。

豆娘小檔案

分類：屬於蜻蛉目均翅亞目
種數：全世界約有2800多種，台灣約有44種
生活史：卵－稚蟲－成蟲

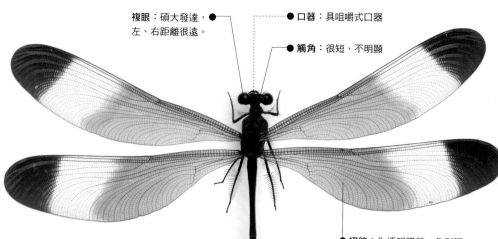

複眼：碩大發達，左、右距離很遠。

口器：具咀嚼式口器

觸角：很短、不明顯

翅膀：為透明膜質，色彩斑紋依種類而不同。上、下翅翅形相似，翅脈的紋理也大致相同。

腹部：細長、渾圓

● 豆娘的頭部長得像啞鈴。圖為青黑琵蟌。（陽明山）

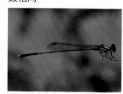

● 豆娘停棲時，大部分會將翅膀合併豎在胸部背側。圖為朱背樸蟌。（內雙溪）

80

標本：♂・腹部長5公分（本種為大型豆娘）

要訣 1. 看外觀特徵

豆娘的外觀乍看之下和蜻蜓很像，都有兩對透明細長的膜質翅膀，只是牠的體型通常較小，身軀較纖細，而且牠的大複眼明顯分開，整個頭部形似啞鈴。野外辨識的要訣是，大部分豆娘停棲時，會將翅膀豎攏在胸部的背側。

要訣 2. 解讀生態行為

1.看棲息環境

豆娘的成蟲一般習慣在稚蟲（水蠆）棲息的水域附近活動、覓食、求偶、產卵。

而由於種類的差異，豆娘有的習慣棲息於流水性的溪流、山溝、田溝，或靜水性的池塘、湖泊、沼澤、水窪、水田等水域中。整體而言，台灣豆娘中的幽蟌科、珈蟌科全都出現在流水水域，細蟌科則大部分出現在靜水水域，琵蟌科則在兩種水域皆可見芳蹤。

2.看食性

豆娘是肉食性昆蟲。牠們擅長捕食空中的小飛蟲，不過由於體型較小、飛行速度較慢，因此豆娘主要是以體型微小的蚊、蠅和蚜蟲、介殼蟲、木蝨、飛蝨……等昆

●大豆娘偶爾會捕食小豆娘（新竹青草湖）

蟲為主食，偶爾也會發生大豆娘捕食小豆娘的情形。運氣好的人，說不定還有機會見到餓慌的同種豆娘發生同門相殘的難得景象。

3.看產卵行為

由於豆娘水蠆生活於水中，因此多數雌蟲習慣停在水邊石塊、雜物上，或水面挺水植物上將卵依附產下。少數特殊情況則是在急流小溪石塊邊或雜物上潛水產卵，例如短腹幽蟌。

●簾格鼓蟌雌蟲正停在小溪浮木上產卵（南山溪）

4.看稚蟲習性

豆娘與蜻蜓的稚蟲雖都稱為「水蠆」，但兩種水蠆在外觀上很容易區分，因為大多數豆娘水蠆的尾部有3個明顯的葉片狀或肉質狀尾鰓

●豆娘水蠆的尾部有明顯的尾鰓，有助於划水。（楊梅）

，危急時可以用來划水游泳，以避敵害。

孵化後的豆娘水蠆在水中捕食其他弱小的水棲昆蟲或浮游性小節肢動物維生。

觀 察蜻蜓

大家或許不知道，早在中國殷代的甲骨中已出現蜻蜓的象形銘文；而這類活躍在水田環境的「空中飛龍」，也是許多自鄉間長大的台灣人熟悉的昆蟲之一。但問一問身邊的人，蜻蜓吃些什麼東西？「蜻蜓點水」在生態上真正的意義是什麼？答案卻莫衷一是。看來，大家對這些與人類生活關係彌久的昆蟲，應該多花點時間重新認識了。

口器：具咀嚼式口器 ●

觸角：很短、不明顯 ●

● 複眼：碩大發達。因科別不同，有的左右複眼大面積接合，有的小部分接合或短距離分開兩側，有的則明顯分離。

● 蜻蜓科、晏蜓科和弓蜓科蜻蜓的左、右複眼明顯連接。（新店）

要訣1.看外觀特徵

　　和豆娘比較下，多數蜻蜓的體型較大，腹部較扁平粗寬；大複眼之間的距離較豆娘近，甚至互相連接；同樣具兩對透明的翅膀。野外辨識的最大特徵是，蜻蜓停棲時，翅膀向身體兩側平展攤開，既不互相重疊，也不覆蓋腹部。

● 翅膀：有兩對膜質翅膀，大多數完全透明，部分種類具色彩斑紋。上、下翅翅形不完全相同，翅脈的紋理結構差異也很大。

● 腹部：較豆娘粗寬

● 蜻蜓停棲時會將兩對翅膀向身體兩側平展攤開。圖為粗鉤春蜓。（新店）

標本：♂．腹部長2.4公分（本種為中小型蜻蜓）

要訣2 解讀生態行為

1.看棲息環境

蜻蜓成蟲通常習慣在稚蟲（水薑）的棲息環境附近活動。而蜻蜓水薑的棲息水域則依種類而不同。台灣產勾蜓科水薑全都生活在溪流環境；晏蜓科或弓蜓科水薑生活在溪流或池塘沼澤環境；春蜓科水薑大多生活在溪流環境，池塘沼澤較少；蜻蜓科水薑則大多數生活在池塘沼澤環境，只有少數生活在溪流環境。

2.看食性

蜻蜓屬於肉食性昆蟲，由於牠的複眼碩大發達，視力超凡，再加上身手敏捷，因此小自蚊、蠅等飛蟲，大至蜜蜂、蝴蝶，蜻蜓都可以在空中順利追擊攔截。體型小的獵物，蜻蜓在空中一下子便能啃食下肚，對付體型大的獵物則必須停下來慢慢享用。有機會也可能在野外看見蜻蜓捕食豆娘，或大蜻蜓捕食小蜻蜓的情形。

3.看產卵行為

隨著種類的不同，雌蜻蜓產卵的習慣也有非常明顯的差異。

蜻蜓科、勾蜓科、春蜓科蜻蜓較常採用點水產卵的方式，有的會連續點水，一

●斑翼勾蜓將尾端的一大塊卵團垂直點水產入小溪緩流區（南澳神祕湖）

次產下三至五粒或二十至三十粒，有的則是先將一、兩百粒以上的卵排出，堆積在尾端，然後再點水將它們全部沉入水中。晏蜓科蜻蜓習慣停在水生植物、水邊青苔或泥土上產卵，一次一粒連續地慢慢產入植物莖幹或泥土、青苔縫隙中。最特殊的是，少數蜻蜓還會將尾端的卵團空投入水中。

4.看稚蟲習性

蜻蜓水薑沒有如豆娘水薑般的尾鰓。牠們用腹部內的直腸鰓呼吸水中溶氧，因此平常會藉著從尾端緩慢吸水、排水來呼吸。當遇到危急時，蜻蜓水薑只要快速排水即可噴射前進，速度比豆娘水薑更快。蜻蜓水薑和豆娘水薑一樣都是肉食性水棲昆蟲，不過由於蜻蜓水薑的體型較大，除了其他弱小的水棲昆蟲之外，蝌蚪、小魚苗也常是牠的主食。

●正在啃食獵物的霜白蜻蜓（新店）

●蜻蜓水薑常會捕食蝌蚪（永和）

直翅目的世界

全世界的直翅目昆蟲至少有2萬種，台灣已知約有300種。台灣常見的直翅目昆蟲包括一般俗稱的螽斯、螻蛄、蟋蟀、蝗蟲四大類。此目昆蟲外觀上的共同點是：略呈革質的上翅平直覆蓋在體背；膜質的下翅則縮摺在下方，飛行時才展開來使用。其生活史屬於漸進變態。

觀察螽斯

許多參觀過故宮博物院的人一定忘不了那件名聞遐邇的玉雕「翠玉白菜」，菜葉上那隻栩栩如生的翠綠色小蟲子，正是俗稱「紡織娘」的螽斯。若想一睹螽斯的廬山真面目，不妨趁著到森林遊樂區或山區渡假過夜時，拿個手電筒，尋著「ㄐ—…ㄐ—…ㄐ—…」的蟲鳴聲，與牠們在林間相會。

螽斯小檔案

分類：屬於直翅目劍尾亞目螽斯總科
種數：全世界約有10000種，台灣已知約有100多種
生活史：卵－若蟲－成蟲

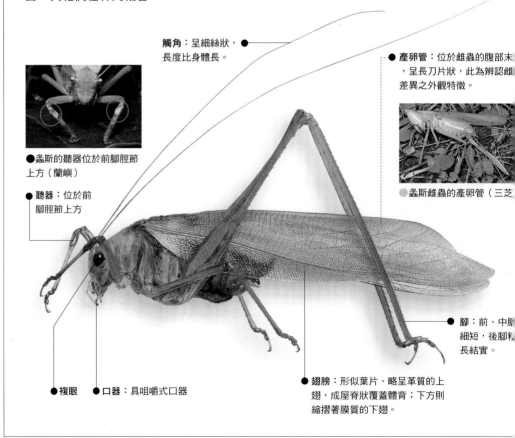

觸角：呈細絲狀，長度比身體長。

產卵管：位於雌蟲的腹部末，呈長刀片狀，此為辨認雌差異之外觀特徵。

●螽斯的聽器位於前腳脛節上方（蘭嶼）

●螽斯雌蟲的產卵管（三芝

● 聽器：位於前腳脛節上方

● 腳：前、中腳細短，後腳粗長結實。

● 複眼　● 口器：具咀嚼式口器

● 翅膀：形似葉片、略呈革質的上翅，成屋脊狀覆蓋體背；下方則縮摺著膜質的下翅。

標本：♂，體長2.6公分（不含翅膀）

要訣 1.看外觀特徵

螽斯的體型多半瘦扁高聳，體色不是綠色就是褐色系，從頭部伸出一對比身體還長的絲狀觸角，並擁有修長、善於跳躍的後腳。

要訣 2.解讀生態行為

1.看食性

螽斯具有典型的咀嚼式口器，部分種類為植食性，啃食植物莖葉維生；多數螽斯則是較不挑食的雜食性昆蟲，平時多啃食可口的嫩芽，運氣好遇到弱小昆蟲時，自然不會輕易放過補充豐富蛋白質的機會。尤其是夜間，身邊同樣趨光的蛾類便成了最方便捕食的動物性食物；甚至，有的大螽斯還會捕食小螽斯呢！

●大剪斯具有發達的咀嚼式口器，捕捉時小心別被咬傷。（三芝）

●螽斯的保護色是牠自衛的絕招。圖為台灣騷斯。（宜蘭梅花湖）

2.看自衛行為

螽斯具有發達的跳躍式後腳，當遇到危急時，快速彈跳避敵自然就成了牠們自保的慣用伎倆。

不過，神乎其技的保護色才真正是螽斯的自衛絕招。由於螽斯的體色幾乎清一色是綠色或褐色，加上有些外觀會偽裝成樹葉或枯葉，因此當牠們不鳴叫的時候，天敵很不容易一眼便發現牠們的行蹤。

屬於夜行性的螽斯，平時夜晚多半在森林邊草叢活動，白天則靜止休息。大家可以測一測自己的眼力，看看能夠在白天找到幾隻螽斯。

3.傾聽鳴聲

螽斯是直翅目中二大夜間鳴蟲之一（另一類是蟋蟀），牠是利用上翅左右摩擦來發音，聲音洪亮，其聲音類似紡織機運轉時「ㄐㄧ……ㄐㄧ……」的叫聲，故有「紡織娘」的別稱。螽斯發聲的目的主要是為了標示領域或求偶，只有雄蟲才會鳴叫。

相對於發音功能，牠們也有齊全的聽器專司聽覺，螽斯的聽器位於前腳脛節上方，形態似橢圓形的鼓膜。

4.看蛻變、羽化的過程

由於螽斯具有良好的保護色或偽裝的外觀，假若牠們不鳴叫，便不容易被發現蹤影。較容易找到牠們的機會是準備蛻皮或羽化的時候，因為牠們會挑選枯枝或草桿的頂端來進行蛻變，因此較容易找到。

螽斯一般習慣在夜間進行蛻變過程，所以只要拿個手電筒在山路旁的草叢找尋，便有機會目睹一連串精采的生態畫面。

●蛻皮完成後，螽斯還會將舊皮吃掉。（貢寮）

觀察螻蛄

螻蛄的種類雖少，但在台灣鄉間的夜晚卻很常見，有人將螻蛄稱為「肚猴」，而將蟋蟀稱為「肚伯仔」，有的稱法則剛好相反。無論是哪一種稱呼，從外觀上，大家都可以清楚地分辨出這兩類昆蟲的不同。

螻蛄小檔案

分類：屬於直翅目劍尾亞目螻蛄總科

種數：全世界種數不詳，台灣目前已知僅有3種

生活史：卵—若蟲—成蟲

口器：具咀嚼式口器

複眼

腳：前腳粗壯發達，呈齒耙狀。

●螻蛄的前腳長得像「怪手」。圖為內側特寫。（大屯山）

觸角：呈細絲狀

單眼：在顏面上、兩複眼之間，有一對橢圓形的單眼

翅膀：有兩對，短小的上翅略呈革質，僅能覆蓋腹部的一半，薄大的膜質下翅收在下方呈一長束狀。

尾絲：有兩根，位於腹部末端。

要訣 1.看外觀特徵

黃褐的體色，乍看下似乎貌不驚人，但仔細看，牠那一對如怪手般具有齒耙的粗壯前腳就令人印象十分深刻了。此外，短小的上翅與收在下側呈一長束的下翅，也是頗為特殊的造型。

標本：體長3.2公分（不含尾絲）

要訣 2. 看生態行為

1.看棲息環境

螻蛄是地棲性昆蟲,會以發達的前腳挖掘地洞居住,因此平時在野外相當不容易見到螻蛄。

不過,螻蛄是夜行性昆蟲,夜晚離開地洞活動時,同樣會趨光飛行,所以夏季在鄉下、郊外的夜間路燈下,仍然有機會見到這類爬行速度頗快的昆蟲。

●螻蛄經常危害農作物,因穴居地底,平時不易見到。(大屯山)

2.看食性

螻蛄具有咀嚼式口器,是較不挑食的雜食性昆蟲,不過仍以植物的嫩芽、根鬚為主食,因而成了各地鄉間危害農作物的一大害蟲。

●螻蛄具有咀嚼式口器(大屯山)

●刀刃狀的硬齒可剔除陷在齒耙上的植物根鬚或小石塊。圖為螻蛄前腳特寫。(大屯山)

3.看耙土挖洞行為

螻蛄並不擅長跳躍避敵,當牠們被逼得走投無路時,一旦遇到鬆軟的泥土,便立刻大顯身手、表演神奇的鑽地神功。牠先用前腳猛力向外一耙,接著頭兒一鑽,一下子前半身便已埋入土中,通常在短短不到十秒的時間內,已全然從土表上銷聲匿跡。有機會抓到螻蛄時,不妨將牠放在指間,感受一下牠那對挖掘式前腳驚人的力量,並觀察研究它何以綜合了挖土機和花剪兩項功能。

●螻蛄遇到危險會迅速掘土、鑽入地底(大屯山)

觀察蟋蟀

秋天的時候，提著一大桶水，帶著一個瓶子或塑膠杯來到砂質荒地。撥開塚形土堆上的沙粒，挖通原本藏在沙粒下的小洞，然後往洞內灌入一杯又一杯的水。最後的高潮，便是等待洞中的主角因受不了水淹巢穴，出洞束手就擒。這是許多人兒時盛行的遊戲──「灌肚猴」，而其中的主角就是蟋蟀兄。

蟋蟀小檔案

分類：屬於直翅目劍尾亞目
　　　蟋蟀總科
種數：全世界約有3000種，
　　　台灣目前已知約有80
　　　多種
生活史：卵—若蟲—成蟲

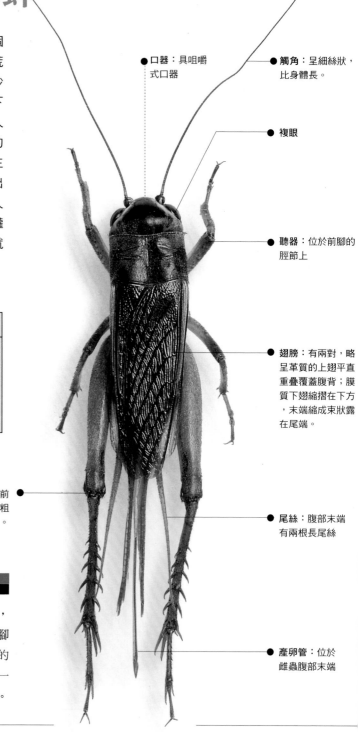

● 口器：具咀嚼
　式口器

● 觸角：呈細絲狀，
　比身體長。

● 複眼

● 聽器：位於前腳的
　脛節上

● 翅膀：有兩對，略
　呈革質的上翅平直
　重疊覆蓋腹背；膜
　質下翅縮摺在下方
　，末端縮成束狀露
　在尾端。

● 尾絲：腹部末端
　有兩根長尾絲

腳：前、中腳較短，前
腳脛節有聽器；後腳粗
壯發達，脛節有棘刺。

● 產卵管：位於
　雌蟲腹部末端

要訣1.看外觀特徵

蟋蟀的體色多為黑褐色，體軀呈圓筒狀，粗壯的後腳與身體不太成比例，前頭的一對長絲狀觸角與後端的一對長尾絲形成有趣的對照。

標本：♀・體長1.9公分（不含產卵管）

要訣 2. 解讀生態行為

1.看棲息環境

蟋蟀的外觀亦具保護色，平時多藏匿於植物叢間或雜草地面，有的習慣躲在落葉、石塊或樹皮縫隙中，有的擅長挖掘地道，穴居地底洞穴之中，有的則會吐絲連接樹叢的葉片，做成巢穴躲藏。因此，在野外環境中，若是蟋蟀不發出鳴聲，人們想找到其蹤影，恐怕要比蝗蟲或螽斯更困難。

● 石塊旁的黃斑黑蟋蟀（淡水）

● 台灣大蟋蟀的保護色有利於藏匿在雜草地面（蘭嶼）

2.看食性

蟋蟀是直翅目中食性最廣的昆蟲，屬於雜食類，有興趣飼養的人，最不需要為牠們的餌料操心，舉凡果皮、蔬菜、豆芽、花生、米飯、肉屑、狗飼料、魚飼料、餅

● 正在吃食同伴屍體的眉紋蟋蟀（永和）

乾等家中找得到的食物，牠們幾乎完全不挑剔，有時甚至連同伴的屍體也不放過。為了避免同類相殘，飼養時要特別留意正在蛻變而無力自保的蟋蟀，避免讓其他蟋蟀靠近，否則很容易被咬得肢殘腳斷。

3.看避敵行為

蟋蟀的後腳粗壯、發達，

善於跳躍，遇到危急時，快速彈跳是牠們慣用的避敵方法。而且，蟋蟀和蝗蟲、螽斯一樣，伸展開折疊的下翅即可飛行，因此在彈跳避敵時，也經常會順勢飛行一段距離，以便加速遠離危險。

4.傾聽鳴聲

蟋蟀也是知名的鳴蟲，在夏秋的夜晚常可聽到牠清澈嘹亮的鳴聲。牠和螽斯一樣，以上翅互相摩擦來發聲，目的也是為了標示自我領域或求得異性的青睞，因此只有雄蟲才會鳴叫。其聽器位於前腳脛節上方。

● 蟋蟀粗壯的後腳便於快速彈跳避敵（南澳神祕湖）

觀察蝗蟲

蝗蟲俗稱「蚱蜢」，台灣人稱之為「草螟仔」，有首台灣民謠〈草螟仔弄雞公〉，歌詞中即描繪這種小昆蟲與大公雞相互逗弄的情形，這是台灣早年鄉間常見的畫面。

「蝗蟲過境」也是大家耳熟能詳的成語，發生蝗災的地區，幾乎所有的綠色植物都會被牠們一掃而光，幸好這種情形目前在台灣已相當罕見。

蝗蟲小檔案

分類：屬於直翅目中蝗亞目的
　　　所有昆蟲
種數：全世界約有12000種，
　　　台灣目前已知約有100
　　　多種
生活史：卵—若蟲—成蟲

要訣1.看外觀特徵

蝗蟲的體色不是綠色就是褐色系，身材細長，酷似戶外草叢間的葉片。與螽斯間最大的外觀差異是：牠的後腳腿節形如雞腿、比螽斯更粗壯發達；而頭部的觸角則呈短鞭狀，與螽斯的長絲狀觸角明顯有別。

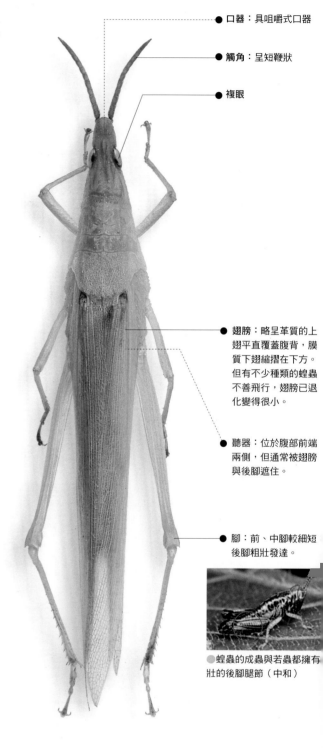

● 口器：具咀嚼式口器

● 觸角：呈短鞭狀

● 複眼

● 翅膀：略呈革質的上翅平直覆蓋腹背，膜質下翅縮摺在下方。但有不少種類的蝗蟲不善飛行，翅膀已退化變得很小。

● 聽器：位於腹部前端兩側，但通常被翅膀與後腳遮住。

● 腳：前、中腳較細短後腳粗壯發達

● 蝗蟲的成蟲與若蟲都擁有壯的後腳腿節（中和）

標本：體長3.2公分（不含翅膀）

要訣 2.看生態行為

1.看食性

蝗蟲是植食性昆蟲,而且大部分不特別挑食,因此在野外草叢草葉上遇見蝗蟲時,只要靜靜在一旁觀看,很容易見到牠們低著頭、以發達的大顎沿著植物葉片邊緣一口一口囓食著。不多久,草葉上便會出現被啃食的大缺角。

另一類是習慣棲息於潮濕裸露地面的稜蝗,其主要食物則是苔蘚類植物,也因此牠們才會習慣出現在沒有草叢可以躲藏的環境中。

2.看棲息環境與保護色

蝗蟲幾乎都有典型的保護色,多數平時棲息於植物叢間或雜草地面。假如沒有特別留意,便很難一眼看出牠們躲藏其間。不過,只要走進低矮的草叢,受到驚嚇的蝗蟲會以發達的後腳四處彈跳,此時若不用眼睛緊盯著,一旦牠們再度落入草

●紅后負蝗擁有幾可亂真的綠色保護色(三芝)

●台灣稻蝗藏身枝叢之間,不易被察覺。(內雙溪)

叢,很快就會失去蹤影。找到之後,緩緩貼近一看,原來牠們的身體修長、加上良好的保護色,難怪在草叢中有絕佳的隱身效果。

3.看交配行為

和其他昆蟲比起來,蝗蟲交配的時間算是比較久的,因此,雌下雄上夫妻檔背在一起的畫面屢見不鮮。由於部分種類雌雄體型差異很大,可別誤以為是媽媽背著小孩。和其他同樣採雌下雄上交配姿勢的昆蟲不同的是,一般雄蟲是將尾端直接向下彎曲和雌蟲連接;而雄

蝗蟲則是將長長的腹部先在雌蟲的腹部一側彎下,然後伸至雌蟲尾端,最後再彎回其上方與之相連。

4.看彈跳避敵行為

蝗蟲的後腳粗壯、發達,善於跳躍,遇到危急時,快速彈跳是牠們慣用的避敵方法。由於蝗蟲後腳的脛節隨時都併靠在腿節下側,一旦需要彈跳,只要以脛節撐住地面,加上酷似「雞腿」的腿節用力一蹬,便可以輕鬆地將身體彈得又高又遠,順勢再展開下翅,迅速飛離危險現場。

●蝗蟲拱起後腳,蓄勢待「跳」。(知本)

●雌下雄上正在交配的瘤喉蝗夫妻檔(陽明山)

螳螂目的世界

螳螂目是一個小目，所有成員一般都通稱「螳螂」。目前全世界種類最少2400種；台灣已知最少17種。此目昆蟲外觀上的共同特徵是：頭部呈倒三角形，具發達的鐮刀式前腳。其生活史屬於漸進變態。

觀察螳螂

　　「螳螂」，台語稱為「草猴」，在其他國家還有「祈禱蟲」、「長頸蟲」、「天馬」、「預言家」等不同的別名，大概都是由牠那帶點誇張的外型所引發的聯想。螳螂捕食獵物的功夫十分了得，中國武術中的「螳螂拳」，也是唯一一種靈感得自昆蟲的拳法。

螳螂小檔案

分類：屬於螳螂目的所有昆蟲
種數：全世界約有2400多種，
　　　台灣已知最少有17種
生活史：卵－若蟲－成蟲

● 觸角：呈細絲狀

● 口器：具有咀嚼式口器

● 複眼：大而突出，明顯分開。

● 腳：前腳粗壯，特化成鐮刀狀，且內側密生成列的尖刺。中、後腳則相對較為纖瘦。

● 翅膀：帶透明感。上翅交叉重疊覆蓋腹部，下翅折疊在上翅下方。

● 尾絲：腹部末端有兩根尾絲，但通常被翅膀蓋住。

●螳螂前腳齒列狀尖刺可防止捕獲的獵物脫逃（永和）

標本：體長5.5公分（不含翅膀）

要訣1.看外觀特徵

正面看，螳螂有張倒三角臉，大複眼分置頭部兩側，體色非綠即褐。最大特徵是那對發達的鐮刀狀前腳，獵捕食物時殺氣騰騰；不用時縮在胸前，彷彿在祈禱。整體而言，螳螂的體型頗修長，但同一種螳螂中，通常雌蟲的體型較大，腹部也較肥胖、寬大。

要訣2.解讀生態行為

1.看食性和棲息環境

螳螂不論成蟲或若蟲都是純肉食性昆蟲，平常都靜靜的棲息在花叢、葉叢或枝幹上，伺機捕捉靠近的其他昆蟲當食物。

由於螳螂只捕食活蟲，因此弱肉強食、大吃小的情形經常普遍發生在同門之間。

假如雄蟲和雌蟲交尾過久，也可能發生雌蟲轉身將伴侶啃食下肚以便充飢的情況，但並非必然的結果。

大部分螳螂是晝行性的昆蟲，但是少數種類在夜晚仍有趨光飛行的習性，在路燈下活動時還會隨機捕食其他趨光的昆蟲充飢。

2.看產卵行為

雌螳螂有頗特殊的產卵習性。當牠們身懷滿腹「卵

●剛產完卵的大螳螂（永和）

粒」時，會靜靜的倒攀在植物枝叢之間，將卵粒接連產出，同時分泌泡沫狀膠質來包覆卵粒，當這些泡沫狀膠質硬化之後，便形成具保護作用的「卵囊」。每一種螳螂的卵囊都有特定的形狀與大小。在平地或低海拔最常見的寬腹螳螂或大螳螂，牠們的卵囊中都包含著數百粒的卵粒。

3.看孵化過程

螳螂小若蟲孵化時，會接連從卵囊中鑽出，並且形成細絲向下滑落，而懸在半空中，小若蟲再掙脫裹身的薄膜，正式孵化。接著，牠們會沿著細絲向上攀爬，或直接掉落草叢的地面，開始四處活動。

由於孵化的蟲體數量很多，食物不夠時經常會發生互相捕食的情形。

●螳螂經常守候在植物叢間，等候獵物自動送上門來。（三芝）

●螳螂小若蟲從卵囊鑽出（永和）

蜚蠊目的世界

蜚蠊目昆蟲包含蟑螂與白蟻（以往白蟻單獨隸屬於等翅目，近年整體等翅目被併入近緣的蜚蠊目中）兩大類。目前全世界已知的蟑螂種類有4500多種，台灣已知逾75種；全世界白蟻的種類則超過3000種，台灣約有18種。蟑螂外觀上共同的特徵是：身材扁平，頭部縮於前胸背板下側。白蟻外觀上的共同特徵是：頭部具有明顯的念珠狀觸角。蜚蠊目昆蟲生活史屬於漸進變態。

觀察蟑螂

蟑螂是最古老的昆蟲之一，從化石的研究結果，蟑螂的祖先在三億五千萬年前便存在於地球；居家環境中，牠也是最常見的昆蟲之一，大家對這類人人喊打的昆蟲似乎再熟悉不過了。只是，你曾經仔細「欣賞」過蟑螂的長相嗎？

● 口器：具有咀嚼式口器

● 觸角：呈細絲狀，長度通常比身體還長。（本種帶紋紺蠊是觸角很短的少見美麗種）

● 複眼：與頭部均縮至前胸背板下方

● 翅膀：膜質，大部分種類四翅交疊覆蓋腹背。

● 腳：各腳脛節滿布明顯棘刺

● 尾絲：位於腹部末端，有兩根，但通常被翅膀遮住。

蟑螂小檔案

分類：屬於蜚蠊目的所有昆蟲
種數：全世界約有4500多種，台灣已知逾75種
生活史：卵－若蟲－成蟲

標本：體長1.8公分

要訣 1. 看外觀特徵

蟑螂的體型橢圓扁平，褐色系的體表多數泛著油質亮光，因此日本人稱牠為「油蟲」。牠的頭部縮藏在前胸背板下方，觸角特別細長。撇開平時對蟑螂的嫌惡印象，細看下，其實蟑螂也有牠特殊的美感哩！

要訣 2. 解讀生態行為

1.看棲息環境

蟑螂的體型扁平，這種身材適合躲藏在各種環境的隙縫中。許多人不清楚，並不是所有的蟑螂都居住在室內的廚房、浴廁或水溝中。

事實上，棲息於戶外環境中的蟑螂，大約是室內常見種類的十倍。夜間在草叢、樹皮落葉堆中都很容易發現大家較陌生的種類，甚至有些蟑螂幾乎一輩子都住在陰暗、不見天日的枯木中。

2.看食性

蟑螂大部分是標準的夜行、雜食性昆蟲。

在人們夜晚休息的時候，室內的蟑螂就從隱蔽陰暗的角落出來覓食，不論是人類的食物或殘渣、垃圾、毛髮、衣物、書籍、飼料、皮屑、動物死屍，甚至是糞便，牠們全都不挑食。正由於牠們經常往來於污穢物和人們的食物、餐具間，因此成了傳播許多傳染病病菌的重要衛生害蟲。

相較於室內的蟑螂，大部分生活於戶外的蟑螂和人類的環境衛生並沒有太大的利害關係，因為這些種類多半以腐敗的植物或動物為食。少數較特殊的蟑螂則是住在枯木中，以枯木纖維為食。

對大自然而言，這些戶外的蟑螂反倒都是屬於清道夫級的益蟲。

●木蠊的若蟲生活在枯木中，成群啃食木頭纖維。（拉拉山）

3.看產卵行為

室內的蟑螂大多壽命很長，繁殖力又強。以最常見的美洲蟑螂為例，牠的雌蟲可以存活一年多，一生中可以產下五、六百粒卵。

室內的蟑螂還有特別能適應人類生活的產卵習性。牠們的雌蟲會將內藏十數粒至數十粒的卵保護在像顆紅豆的「卵鞘」中，而卵鞘則經常黏附在櫥櫃、家具、電器用品的角落縫隙中。再加上牠們生活在室內，幾乎無其他具威脅性的天敵存在，於是便常隨著人們的經濟活動或搬家移居，而繁衍於世界各地。

●台灣特有種台灣紋蠊是頗具姿色的森林性蟑螂，夜晚具有趨光性。（新店）

●蟑螂的卵群有堅硬的卵鞘，常藏在傢俱的陰暗縫隙。（永和）

半翅目的世界

半翅目昆蟲包含椿象與各類的蟬（以往隸屬於同翅目的蟬、蠟蟬、葉蟬、蚜蟲等，近年整體被併入近緣的半翅目中）兩大類。全世界的半翅目昆蟲超過6萬種，台灣已知逾3000種。此目昆蟲的外觀、體型差異極大，最大的共同特徵是：頭部下方具有典型的刺吸式口器。半翅目昆蟲生活史屬於漸進變態。

觀察椿象

觀察椿象的第一個步驟，是依棲息環境來判斷牠是「陸生椿象」、「兩棲椿象」或「水生椿象」。三類椿象有共同的外觀特徵，但為適應不同的環境，外形也各具特色。和台語俗稱「臭腥龜仔」的陸生椿象打交道時要格外小心，因為許多種類都擅長排放含有獨特腥臭味的體液來自衛。

椿象小檔案

分類：屬於半翅目異翅亞目的所有昆蟲
種數：全世界約有40000多種，台灣已知逾600種
生活史：卵—若蟲—成蟲

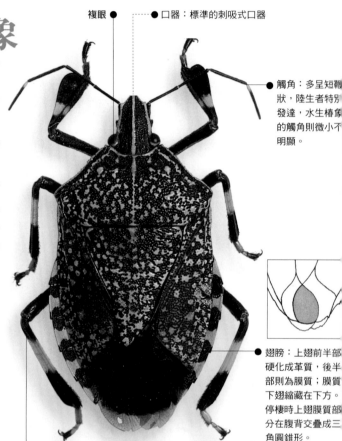

複眼

口器：標準的刺吸式口器

觸角：多呈短鞭狀，陸生者特別發達，水生椿象的觸角則微小不明顯。

翅膀：上翅前半部硬化成革質，後半部則為膜質；膜質下翅縮藏在下方。停棲時上翅膜質部分在腹背交疊成三角圓錐形。

腳：陸生椿象六腳明顯而平均；兩棲椿象中、後腳特別細長；水生椿象的前腳多特化成鐮刀狀。

●水生椿象有呼吸管及鐮刀狀的前腳。圖為小紅娘華。（三芝）

●兩棲椿象通稱「水黽」，因為外形乍看像蜘蛛，俗稱「水蜘蛛」。（美濃）

標本：體長2公分（本種為陸生椿象）

要訣 1.看外觀特徵

椿象外觀上最主要的特徵是：上翅前半部呈革質，後半部呈膜質，停佇時，膜質部分在腹背交疊出三角圓錐形。而類別的差異是，陸生椿象有發達的短鞭狀觸角；水生椿象多半具鐮刀式前腳；兩棲椿象的中、後腳特別細長，乍看外形近似蜘蛛。

要訣 2.解讀生態行為

1.看食性

椿象擁有標準的刺吸式口器，所以只能以流體物質當食物。陸生椿象由於種類的

●水生椿象吸食水中小動物體液（大屯山）

差異，牠們有的是植食性，吸食植物的花果莖葉汁液；有的則是肉食性，捕食弱小昆蟲吸食體液或叮人吸血。

水生椿象都是肉食性昆蟲，以鐮刀狀的前腳捕捉小魚、蝌蚪來過活。

兩棲椿象也是肉食性昆蟲，通常浮在水面，伺機捕食落水的小蟲子維生。

2.看棲息環境

陸生椿象因食性不同，所以棲息環境也不太相同，例如有固定寄主植物的植食性椿象，棲息環境便離不開這些植物；肉食性椿象並沒有特別固定的獵物，因此在植物叢間都有機會見到。兩棲與水生椿象則

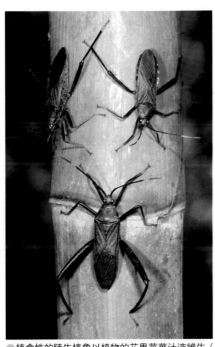
●植食性的陸生椿象以植物的花果莖葉汁液維生（金門）

通常都生活在靜水水域中，如：池塘、沼澤、湖泊等環境，都很容易找到牠們的行蹤。

3.看有趣的生態行為

許多陸生椿象都有一個特色，即牠們的身上有「臭腺」組織，遇到危急時，會施放非常腥臭的體液來驅退敵害。相信常跑野外的人多少都吃過牠們的虧，所以許多人便直呼這些會排放臭氣的椿象為「臭蟲」。

水生椿象中田鱉科的「負子蟲」，雄蟲背上常背著成堆的卵粒，是水生世界的「新好爸爸」；屬於仰泳蟲科裡體型微小的「仰泳蟲」（又稱松藻蟲），即因常在水中仰著游泳而得名。

●「負子蟲」的雄蟲背上常背著成堆的卵粒（三芝）

●「仰泳蟲」因常在水中仰著游泳而得名（大屯山）

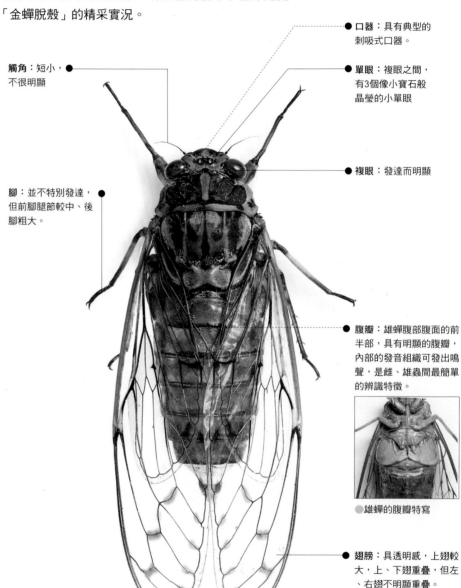

觀察蟬

蟬是半翅目昆蟲中大家最熟知的鳴蟲，有個俗名叫「知了」。蟬的鳴聲響亮，但因多數種類藏身林木高處，因此許多人對其蟲聲反而比對蟲形更熟悉。其實，常在草叢中出現的草蟬與在灌叢中生活的黑翅蟬都很容易靠近觀察，有機會更別忘了親身見識「金蟬脫殼」的精采實況。

蟬小檔案

分類：屬於半翅目蟬科
種數：全世界約有2500多，台灣已知約有60種
生活史：卵－若蟲－成蟲

口器：具有典型的刺吸式口器。

單眼：複眼之間，有3個像小寶石般晶瑩的小單眼

觸角：短小，不很明顯

複眼：發達而明顯

腳：並不特別發達，但前腳腿節較中、後腳粗大。

腹瓣：雄蟬腹部腹面的前半部，具有明顯的腹瓣，內部的發音組織可發出鳴聲，是雌、雄蟲間最簡單的辨識特徵。

●雄蟬的腹瓣特寫

翅膀：具透明感，上翅較大，上、下翅重疊，但左、右翅不明顯重疊。

標本：體長3.7公分（不含翅膀）

●黑翅蟬雄蟬利用鳴聲吸引雌蟬前來交配（蘭嶼）

要訣 1. 看外觀特徵

蟬是半翅目昆蟲中體型較大的一類，體長最大超過6公分。最主要的外觀特徵是：寬而短的頭部上有一對炯炯的複眼，胸部背側常有類似京劇臉譜的圖案；而牠停棲時，兩對具透明感的翅膀拱在腹背，呈現屋脊狀。

要訣 2. 解讀生態行為

1.看食性與棲息環境

蟬和其他半翅目昆蟲一樣，具有典型的刺吸式口器。牠們全部都是植食性的昆蟲，平常以植物各部位的汁液維生。除了少數體型較小的種類會在葉片上吸食汁液外，大多數都習慣停棲在植物的莖幹，將口器刺入樹皮內吸食樹汁。

●台灣本島並無分布的大姬蟬只有在金門的松樹樹幹上才會現蹤（金門中山紀念公園）

2.傾聽鳴聲

雄蟬經常發音鳴叫，目的是用來界定領域和吸引雌蟬，雌蟬聽見這些特定頻率與節奏的鳴聲，便會主動飛到雄蟬停棲的樹幹上與其交配。雄蟬發音的構造和直翅目昆蟲不同。在牠們的腹部腹瓣下有一組由鼓膜、鏡膜、共鳴箱等構造組成的發音組織，當腹部內肌肉來回收縮時，鼓膜會發生振動，經由其他部位共鳴之後，才發出大家熟悉的蟬鳴聲。

3.看若蟲習性

交配後的雌蟬會在植物的枯枝上產卵，孵化後的小若蟲掉落地面之後，便鑽進地底生活。牠們會找到植物的根部吸食汁液，在漫長的幼生期生活中慢慢依次蛻皮成長，直到羽化的前一天夜晚，才鑽出地面在附近植物莖

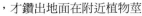
●蟬的若蟲會在地底生活一段漫長的時光（大屯山）

幹或草叢間羽化變為成蟲。蟬的成蟲壽命不長，但是若蟲在地底最少要待上一年，例如美國地區的「17年蟬」，若蟲在地下足足要生活17年才會出土。

4.看羽化過程

「金蟬脫殼」是大家耳熟能詳的成語，其實要觀察這樣的精采生態也不困難。只要利用春末夏初的夜晚，到郊外或公園的大樹下，用手電筒很快就能找到剛鑽出地面的若蟲。等到牠爬到選定的地點不再移動位置之後，在短短的半小時以內，牠就會表演全程的蛻殼羽化過程，有興趣的人還可以備妥相機和閃光燈，為牠拍下「金蟬脫殼」的精采紀念照。

●正在進行蛻殼羽化的薄翅蟬（汐止）

鞘翅目的世界

鞘翅目是昆蟲家族中最大的一目,所有成員通稱「甲蟲」。目前全世界的甲蟲約有35萬種,台灣已知7600多種。此目昆蟲外觀上的共同特徵是:上翅特化成硬鞘,稱為「翅鞘」,覆蓋於腹背,左、右翅成一直線接合。其生活史屬於完全變態。本書介紹最常見的14大類甲蟲。

觀察步行蟲

步行蟲是屬於中、小型的甲蟲,顧名思義,此類蟲子的專長是「步行」。由於多數步行蟲是夜貓子,白日若想進行觀察,不妨試著翻開野外地上的石塊或枯木,也許會發現一種身材「凹凸有致」的蟲子藏身其中,沒錯,牠很可能就是正在「晝寢」的步行蟲呢!

步行蟲小檔案

分類:屬於鞘翅目肉食亞目步行蟲科
種數:全世界已知超過40000種,台灣目前已知500多種。
生活史:卵─幼蟲─蛹─成蟲

● 口器:具有咀嚼式口器

● 複眼

● 觸角:具有發達的鞭狀觸角

● 前胸背板

● 腳:平均而細長,擅快速爬行

翅膀:翅鞘上面大多具有明顯的縱向淺溝;膜質下翅縮藏於下方。

標本:體長1.8公分

要訣1.看外觀特徵

步行蟲的典型外觀是：身軀特別扁平，大多數同時具有「脖子」（頭、胸間）與「腰身」（前胸、翅鞘間），並有三對平均而細長的「步行腳」，而翅鞘上通常具有明顯的縱向淺溝，這也是確認其身分的一項標記。

要訣2.解讀生態行為

1.看棲息環境

步行蟲多為地棲性甲蟲，少部分有穴居地底的習慣，有些則是樹棲的種類，因此在樹叢間或木本植物花叢上掃網，有時也會找到在其間覓食活動的步行蟲。

大部分步行蟲屬於夜行性昆蟲，而且多半有趨光飛行的習性，因此山區路燈下很容易見到種類繁多的步行蟲。這些夜行的步行蟲，白天常躲在樹皮、枯木、落葉堆、石塊下或地穴中的陰暗縫隙裡。

2.看食性

步行蟲是屬於肉食性昆蟲，不管是晝行或夜行的種類，經常會捕食弱小昆蟲、陸生螺類，或撿食被人車輾死的小動物新鮮死屍。步行蟲的幼蟲和成蟲一樣具有咀

●正在獵食蝸牛的步行蟲（大膽島）

●步行蟲幼蟲捕食其他軟體的小蟲子維生（大膽島）

嚼式口器，晝伏夜出地隨處爬行，捕食其他軟體的小蟲子維生。

3.看自衛方式

步行蟲擅長在地面快速爬行。雖然牠們大部分都會飛行，但是當人們發現牠們而想要徒手捕捉時，步行蟲幾乎都以快速走避的方式逃命，很少會揚翅起飛。

動作快的人應該不難追捕到步行蟲，這時候可以領教牠們另一項奇特的驅敵技巧。這些受到侵犯的步行蟲，會自體內散發出腥臭的化學成分，有的聞起來像是沒有晾乾的臭雨衣，有的像是刺鼻的化學藥品，這些味道都可以讓自然界中許多肉食性天敵不敢領教而紛紛走避。

一屁當關萬夫莫敵

放屁蟲：步行蟲科中有一個種類不多的放屁蟲屬昆蟲，外觀上和其他步行蟲差不多。雖然種類較少，但自衛驅敵的「屁功」卻更驚人。

當放屁蟲遭受侵犯時，牠們會抬高尾端往敵人的方向噴出腥臭的腺液，並且發出「噗」的放屁聲音，被噴到的皮膚瞬間會感到有點灼熱疼痛，沒有經驗的人一定會嚇得放手讓牠們趁機脫逃。

●放屁蟲會放屁驅敵（大溪）

觀察虎甲蟲

虎甲蟲又稱「斑蝥」，是一類小型陸生甲蟲。平時在野地看見虎甲蟲，牠們總是抬頭挺胸，一副高傲的模樣，大家可別以為牠們只是虛有其表，仔細瞧瞧牠們那一嘴大獠牙，不難明白為何有人形容牠們是縱橫地面的殺手昆蟲。所以，不管是中文名稱或英文名稱，「虎甲」之名絕非空穴來風。

● 口器：具有發達的咀嚼式口器

● 虎甲蟲具有發達的咀嚼式口器（烏來）

觸角：具有鞭狀觸角 ●

● 複眼：大而突出，分置於頭部兩側。

● 前胸背板

虎甲蟲小檔案

分類：屬於鞘翅目肉食亞目步行蟲科虎甲蟲亞科
種數：全世界約有2600種，台灣含各離島的不同亞種已知約有35種
生活史：卵─幼蟲─蛹─成蟲

翅膀：翅鞘上常具有美麗的光澤或斑紋

要訣 1. 看外觀特徵

這是一類翅鞘具有美麗光澤或斑紋的甲蟲。牠的複眼明顯突出，頭、胸部近等寬、等長。停棲時，細長的各腳向下拱起，身體不貼著地面，則是野外觀察、辨識虎甲蟲的小祕訣。

腳：各腳平均、細長，停棲時拱起，將身體騰空。擅快速爬行。

標本：體長1.5公分

要訣 2. 解讀生態行為

1.看食性

虎甲蟲是標準的肉食性昆蟲，常可見到牠站在地面，頂高身體，注視四方，準備隨時快速攻擊捕食其他在地面活動的弱小蟲子。虎甲蟲可說是螞蟻的剋星，螞蟻只要從附近爬過，很少能倖免逃過牠的追擊捕食。

除此之外，有時連體型比虎甲蟲大一號的蝴蝶與蛾的幼蟲也難逃一劫，虎甲蟲會使勁地拖拉一隻在地面爬行卻無力反擊的毛蟲，一口接一口地將牠慢慢啃食斃命。

●虎甲蟲拱腳停棲的姿態像個精敏的斥候兵（南澳神祕湖）

●正在啃食白蟻的虎甲蟲（福山植物園）

2.看棲息環境與避敵行為

虎甲蟲具有發達的步行腳，雖然也精於飛行，但平時習慣在地面疾行活動。虎甲蟲最常出現在樹林旁的荒地，或是人車較少的林道或石子路面。

大家若發現眼前不遠的地面上有隻抬頭挺胸的虎甲蟲，打算靠近欣賞牠的英姿時，牠會立刻快跑一段，和人們保持安全距離；若再試圖接近牠，此時，跑速不及人們的牠便會瞬間揚翅起飛，然後在遠處重新停落地面。總之，和人們保持安全距離似乎是虎甲蟲的先天本能。

虎甲蟲是晝行性昆蟲，但是夜晚在路燈附近休息的個體，偶爾也會趨光飛到路燈下活動。

3.看幼蟲習性

虎甲蟲幼蟲會在地面或枯樹幹中挖築藏身的隧道，並躲在洞口，將頭部藏在洞口的中央，並且隨時觀察洞口附近的風吹草動，一旦有爬行的小獵物靠近，牠們會迅速鑽出洞口，一口咬住獵物，再迅速地拖回洞中去，慢慢享受可口美味的大餐。

虎甲蟲的近親

背條蟲：肉食亞目中還有一類小甲蟲——背條蟲，是虎甲蟲的近親，但和虎甲蟲不太相像，其身材比較細長，最大特徵是頭上的念珠狀觸角。牠們的種類不多，平常幾乎都藏身在朽木內活動，戶外較不容易發現。

●背條蟲具有特殊的念珠狀觸角（北橫萱源）

觀察龍蝨

龍蝨，台語俗稱「水龜仔」，是水田和池塘常見的中、小型水棲甲蟲。不過，當環境不適合生活時，龍蝨可以爬離水面另覓天地，不少種類甚至還能在夜晚趨光飛行，可說是甲蟲當中少見的水、陸、空「三棲族」！

龍蝨小檔案

分類：屬於鞘翅目肉食亞目龍蝨科
種數：全世界約有4000多種，台灣已知約有60種
生活史：卵－幼蟲－蛹－成蟲

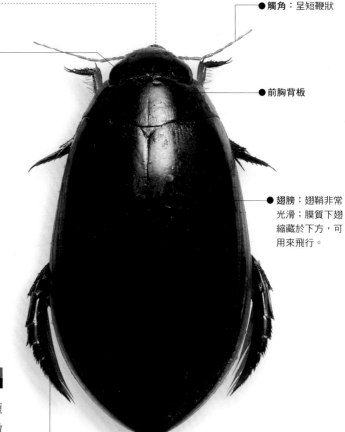

口器：具有咀嚼式口器 ●

複眼：略微隆起呈圓球狀 ●

● 觸角：呈短鞭狀

● 前胸背板

● 翅膀：翅鞘非常光滑；膜質下翅縮藏於下方，可用來飛行。

● 龍蝨的後腳長著長毛，有利於划水游泳。（永和）

要訣 1. 看外觀特徵

龍蝨的頭、胸部非常短小，與腹部連接成前後微微尖突的扁橢圓狀；加上光滑的體背，整體呈現出優美的流線造型。龍蝨還有另一個明顯的外觀特色，那就是後腳特別扁平寬大，如同船槳般，非常適合在水中悠游。

● 腳：後腳比前、中腳長，且扁平寬大，兩側還長著成排長毛，能像船槳一樣划水前進。雄蟲前腳跗節還有發達的吸盤構造，交配時可攀緊雌蟲。

● 龍蝨雄蟲前腳的吸盤特寫（永和）

標本：♀・體長2.4公分

要訣2. 解讀生態行為

1.看棲息環境

龍蝨是典型的水棲甲蟲，除了少部分棲息於溪流、山溝的緩流水域中之外，大多數生活在池塘、湖泊、沼澤與水窪等靜水環境中。

2.看食性

龍蝨是肉食性或腐食性的昆蟲，偶爾會捕食其他弱小的水棲昆蟲。但是牠們的視力並不特別敏銳，因此嗅覺反而是覓食成功的重要依據，這麼一來，水生小動物的死屍便成了最方便取得的食物，有時候牠們還會成群循味啃食死屍而相安無事。

龍蝨的幼蟲則是擅長捕食小蟲的純肉食者，不過幼蟲的口器屬於刺吸式，不同於成蟲的咀嚼式。

●龍蝨是會攜帶空氣潛水的可愛甲蟲（大屯山）

3.看水中憋氣特技

龍蝨雖然長時間在水中生活，但是牠們並不具有像魚類的鰓，因此每隔一段時間，必須浮到水面來換氣。為了增加自身在水中憋氣的時間，龍蝨可以從腹部末端吸進一大口空氣，再將這些空氣貯藏在翅鞘和腹部之間的夾縫中，這麼一來，牠們只要換一次氣便足夠在水中活動好幾分鐘。

有些龍蝨在換氣時常會從尾端吸入過多空氣，當牠們潛入水中後，這些過多空氣會從尾端冒出，因此常可看到牠們的尾巴上掛著一個大大的氣泡，模樣十分可愛。

4.由交配行為看雌雄差異

在同種的外觀上，大部分龍蝨雌雄個體間並沒有特別顯著的差異，不過從前腳的構造上卻可以簡單分辨雌雄：因為龍蝨雄蟲的前腳末端有成列的小吸盤構造，它是交配時用來攀緊雌蟲光滑背部的利器，雌蟲就沒有這個特殊構造了。

●龍蝨經常以腐敗的水棲性小動物為食（永和）

●龍蝨交配時，雄蟲會利用前腳的吸盤構造攀住雌蟲。（楊梅）

觀察埋葬蟲

埋葬蟲雖然不是甲蟲中的大類，卻是戶外環境很常見的中型甲蟲。從名字來看，埋葬蟲一定和屍體脫離不了關係，生態上也確實如此。有些埋葬蟲在樹林中找到動物死屍時，會集體將死屍下方的泥土挖鬆，然後將它埋入地底，留待將來慢慢享用，因此有人也將埋葬蟲稱為「埋屍蟲」。

埋葬蟲小檔案

分類：	屬於鞘翅目多食亞目隱翅蟲總科埋葬蟲科
種數：	全世界種數逾186種，台灣已知最少有8種
生活史：	卵—幼蟲—蛹—成蟲

要訣 1.看外觀特徵

埋葬蟲的外觀變化很大，體型有的呈圓筒狀，有的則較平扁。比較容易辨識的特徵是：大部分的埋葬蟲翅鞘較短，腹部末端常顯露在外；此外，棍棒狀的觸角末端特別膨大，則是牠另一個小特色。

● 複眼

● 口器：具有咀嚼式口器

● 觸角：呈短棍棒狀，末端不僅特別膨大，且多數具鮮艷的色彩。

● 前胸背板

● 腳：各腳平均，適合步行。

● 翅膀：大部分種類的翅鞘較短，沒有完全覆蓋腹部；可以用來飛行的下翅則縮藏在上翅下方。

標本：體長3公分

要訣2. 解讀生態行為

1.看食性

埋葬蟲是標準的腐食性昆蟲，成蟲或幼蟲均以動物的死屍為食，連野外的垃圾堆

●埋葬蟲常在動物腐屍上與蒼蠅爭食（陽明山）

●一群埋葬蟲幼蟲正爭食一團腐肉（永和）

●垃圾堆中常可找到紅胸埋葬蟲（三峽）

中，偶爾也可以發現前來覓食的埋葬蟲。短棍棒狀的觸角便是牠們用來循味找尋食物的嗅覺利器。

2.看棲息環境

由於食性的關係，埋葬蟲多屬於地棲性甲蟲，平時較常在地面爬行，在動物死屍附近偶爾可以見到牠們飛行前來覓食。

部分夜行性埋葬蟲也會趨光，在山區路燈附近地面不難發現。

3.看自衛行為

埋葬蟲的行動不敏捷，徒手捉捕並不困難，但是喜歡採集甲蟲的生手卻常會因

●埋葬蟲受到騷擾時，除了裝死之外，尚會從尾端排出屍臭味的糞液來驅敵。（陽明山）

此不慎吃虧。這是由於埋葬蟲身上原本便有來自食物環境的腐臭，當牠一旦遭受騷擾攻擊，還會自尾端排出一大堆糞液，散發出更濃烈噁心的屍臭味來驅敵，所以，有興趣採集的人不能不格外當心。

埋葬蟲的近親

隱翅蟲：與埋葬蟲同屬隱翅蟲總科，是個種類繁多的大家族，翅鞘很短，是外觀上最大的特徵，但多屬於小型甲蟲。

最常見的紅胸隱翅蟲，是鄉下田間棲息的小甲蟲，夜晚具趨光性，很容易穿過紗窗進入室內活動；由於牠身懷劇毒，在遭受侵犯時會自尾端分泌毒液引起皮膚腫痛潰爛，因此最好不要直接用手捕捉。

●紅胸隱翅蟲是危險的小昆蟲（永和）

觀察鍬形蟲

鍬形蟲的雄蟲是許多喜好收藏甲蟲的蟲癡們的最愛，除了牠們的外形特別雄壯威武外，另一個特色是，同一種的雄鍬形蟲常因體型的大小而有顯著的大顎外觀差異，因此有些鍬形蟲同一種就有六、七種以上的不同模樣，雖然增加了鑑定區分的困難度，但同時也增加了收藏的挑戰性和多變性。

鍬形蟲小檔案

分類：屬於鞘翅目多食亞目金龜子總科鍬形蟲科
種數：全世界已知逾1300種，台灣已知約60種
生活史：卵－幼蟲－蛹－成蟲

要訣1.看外觀特徵

鍬形蟲的體型扁平壯碩，外殼堅硬，加上頭上那對威武的螯夾（大顎），看起來就像是全副武裝的中世紀武士一般。的確，大顎可說是鍬形蟲最明顯的一項特徵，但要注意的是，只有雄蟲才有發達的大顎，而且也有一些種類的雄鍬形蟲大顎並不那麼明顯。此時，可觀察其觸角，因為近緣（同屬金龜子總科）的甲蟲中只有鍬形蟲的觸角呈「曲膝狀」。

觸角：呈特殊的曲膝狀

口器：具有咀嚼式口器

大顎：多數雄蟲的大顎明顯發達，雌蟲及部分雄蟲則較不明顯；部分種類的大顎內側有齒突。

複眼：多數種類複眼外緣具「眼緣突起」

前胸背板

翅膀：翅鞘形似圓鍬，有的表面光滑，有的滿布刻點，有的具縱向淺溝。

腳：部分種類各腳脛節有刺狀突起

標本：♂‧體長7.5公分（含大顎）

要訣2.解讀生態行為

1.看食性

鍬形蟲的口器構造只適合用來吸食流質的食物，因此野外的樹汁和腐果是牠們的最愛，像是台灣欒樹、柑橘樹、青剛櫟的樹幹樹枝上，便常可見到多種鍬形蟲趨集覓食；而地上的鳳梨腐果更是會吸引嗅覺靈敏的鍬形蟲來鑽洞吸取汁液，而且往往一兩天都不會離去呢！

為了方便在樹幹上覓食樹液，不少鍬形蟲會利用大顎來夾破樹皮令其流汁；而為了搶奪爭食，牠們也會以大顎來作為攻擊競爭對手的武器，所以野外的鍬形蟲中常可見到被夾破身體或缺肢斷螯的傷兵敗將。

2.看棲息環境

鍬形蟲的成蟲不管是覓食、求偶和交配一般都離不開樹木，而幼蟲也是以啃食朽木組織維生，因此只要是有樹林的環境大概就會有鍬形蟲活動棲息。而且樹林面積越大，植物種類越多、人類開發破壞越少，鍬形蟲的數量、種類就越豐富。

在台灣北部郊山的許多柑橘園中，破皮樹幹滲流汁液的場所，是扁鍬形蟲、鬼艷鍬形蟲、紅圓翅鍬形蟲等常見種類最佳的覓食地點，夏季和秋季是最合適的觀察季節。

3.看幼蟲習性

鍬形蟲的幼蟲大部分都是以枯朽樹木的纖維組織當食物，因此雌蟲會找到樹林中的枯木或腐木產卵，幼蟲孵化後便在其中鑽洞啃食。不同種類的鍬形蟲幼蟲其攝食習慣亦大異其趣，例如：有的喜歡樹林中傾倒的朽木、有的偏愛直立的枯木、有的則會棲身在土壤與朽木之間，進食時便直接啃食枯木的樹頭或根部。

鍬形蟲的幼蟲看起來軟綿綿的，但個性的兇猛程度卻遠超過成蟲，一旦兩隻幼蟲正面相遇，可能馬上以發達的口器與大顎互咬。因此牠們多半是在暗無天日的朽木中各自過著獨居的生活。

● 喜歡吸食樹液的兩點鋸鍬形蟲（東埔）

● 野外柑橘園是鍬形蟲覓食的天堂（大屯山）

● 曾因爭戰而損失一根大顎的台灣深山鍬形蟲（南澳神祕湖）

● 在朽木樹幹中四處鑽蛀食的鍬形蟲幼蟲（郡大林道）

觀 察金龜子

用長線的一端綁著牠的後腳，手握著另一端在空中轉個兩圈，牠便嗡嗡地飛起，就這樣，金龜子成了許多人兒時放「活風箏」的玩偶。其實，金龜子是甲蟲中的大家族，種類多，外型差異相當大，像是造型奇特的獨角仙與糞金龜，也都是金龜子家族的成員，而牠們的生態也各異其趣。

金龜子小檔案

分類：鞘翅目多食亞目金龜子
　　　總科的甲蟲中，扣除鍬
　　　形蟲和黑艷蟲，其他合
　　　稱為「金龜子」
種數：全世界已知逾30000種
　　　，台灣已知約500多種
生活史：卵—幼蟲—蛹—成蟲

觸角：大多數擁有特殊的鰓葉狀觸角，且部分種類雄蟲的觸角較雌蟲發達。

●鰓葉狀觸角是金龜子外觀上的一大特色（大屯山）

口器：具有咀嚼式口器

複眼

腳：不少同種金龜子的雌蟲前脛較雄蟲寬大；部分喜歡訪花的金龜子後腳特別細長。

翅膀：許多種類翅鞘具金屬光澤或彩色斑紋，擅長飛行的下翅則縮藏在翅鞘下方。

前胸背板

小盾板

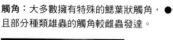

要訣1.看外觀特徵

　金龜子的外觀因種類不同而大異其趣，但整體而言，大多數體型粗短，前胸背板與翅鞘明顯拱起，短小的頭部則低垂著，像是長期駝背，抬不起頭的樣子，還算容易分辨。此外，獨特的「鰓葉狀」觸角也是很好的辨識指標。

標本：體長2公分

要訣 2. 解讀生態行為

1.看食性

一般而言，金龜子可分為植食性與糞食性兩大類。常見的植食性金龜子多以植物的花、葉、莖芽、果實、樹液或菌類為食，所以部分金龜子會嚴重危害植物。

而在戶外的牛糞、狗糞，甚至是人糞堆下，都有機會找到以哺乳動物糞便為食的金龜子，通稱「糞金龜」。在自然界中，牠可說是扮演著清道夫角色的益蟲。

●許多金龜子喜歡在樹枝樹幹破皮處覓食樹汁（北橫大曼）

2.看棲息環境

由於習性的差異，金龜子的活動時間與環境各不相同，喜歡金龜子的人必須多管齊下才能找到較多不同的金龜子。

一般夜行性金龜子（包含部分糞金龜）都會趨光，山區的路燈下很容易發現牠們的蹤影。晝行性金龜子則必須找到牠們覓食的場所，才有機會發現較多的種類。

在山區許多木本植物的花叢間，例如青剛櫟、食茱萸、賊仔樹的花叢上，會有不少喜歡訪花的金龜子群聚覓食。喜歡吸食樹液的金龜子則可以在滲流樹液的植物莖幹上找到，例如北部郊山的柑橘園便是理想的觀察場所。而糞食性金龜子自然得到糞便堆中去尋找了。

●在花叢上棲息覓食的小綠花金龜（觀霧）

3.看幼蟲習性

植食性金龜子的幼蟲大部分都棲息於腐質土地底，即是垃圾堆下常見的「雞母蟲」，以腐質土或植物的根為食物；少數植食性金龜子幼蟲則棲息於枯朽腐木中，以木頭纖維當食物。

糞金龜雌蟲多半會在糞便下面挖掘深入地底的隧道，在地底將糞便製成育兒糞球，幼蟲則在糞球中慢慢攝食成長。

●金龜子幼蟲多生活於腐植土或朽木中（永和）

●糞金龜以哺乳動物的糞便為食（烏來）

觀察吉丁蟲

喜歡甲蟲的人，對吉丁蟲一定不陌生。牠們那一身令人驚嘆的艷麗外表，使牠們榮登許多收藏家心中的最愛。吉丁蟲有個別名稱為「玉蟲」，在日本古代有不少高貴的傢俱是以成排的吉丁蟲翅鞘作為鑲飾，可見得在人們心中，吉丁蟲還是尊貴與地位的代名詞。

吉丁蟲小檔案

分類：屬於鞘翅目多食亞目吉丁蟲總科吉丁蟲科
種數：全世界有15000多種，台灣已知近200種
生活史：卵—幼蟲—蛹—成蟲

要訣1.看外觀特徵

一般而言，吉丁蟲的外形為線條優美的長橢圓形，翅鞘大多具美艷色彩並帶金屬光澤，十分容易辨認。只是要小心，不要和外觀類似的叩頭蟲（114頁）混淆了。

●吉丁蟲身上常有美麗的色彩與斑紋（觀霧）

● 口器：具有咀嚼式口器

● 複眼：具有發達的大複眼

● 觸角：呈短鞭狀

● 前胸背板：呈上窄下寬的梯形

● 翅膀：多數種類的翅鞘具有美艷的色彩斑紋及亮麗的金屬光澤

● 腳：各腳平均，但不擅長快速爬行。

標本：體長3.5公分

要訣 2. 解讀生態行為

1.看棲息環境

由於吉丁蟲少有夜行趨光的種類，因此採集的機會較少，平時只有在樹林旁隨機網捕空中飛過者，或是趁機撿拾那些剛好停在較低矮樹叢間或地面的吉丁蟲。

因為吉丁蟲不擅長爬行，經常就在樹林間飛行覓食或求偶，所以，除非找到幼蟲特定的寄主植物，並在一旁守候，要不然很難找到較稀有美麗的種類。

●植食性的粉彩吉丁蟲正棲息在葉面上（蘭嶼）

●林間的松吉丁蟲（新店）

2.看食性

吉丁蟲是植食性甲蟲，成蟲會啃食植物莖葉，但由於許多種類都有特定的寄主植物，因此不像蝗蟲那麼隨處可見。

大部分吉丁蟲也喜歡甜食，因此採集到的成蟲可以直接以水果切片餵食飼養。此外，有些體型較小的吉丁蟲還喜歡在木本植物的花叢間訪花吸蜜。

3.看生活史變化

吉丁蟲的雌蟲會在該種特定的寄主植物樹木莖幹或新鮮的枯木上產卵。幼蟲孵化之後便深入樹幹中鑽洞，以蛀食木質纖維維生。

成熟後的吉丁蟲幼蟲會在樹幹中啃出一個橢圓形的蛹室居住，經過蛻皮、化蛹、羽化為成蟲的階段後，才會鑽出樹幹外活動。

●吉丁蟲除了訪花吸蜜之外，也會吸食水果汁液。（福山）

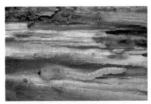
●吉丁蟲的幼蟲會在樹幹中鑽行，啃食纖維質。（新店）

●玉雕般的吉丁蟲蛹（永和）

●剛羽化的吉丁蟲翅鞘還是白色的，經過一段時間才會硬化、顯現出正常的色彩與模樣。（永和）

觀察叩頭蟲

抓著一隻叩頭蟲時，若用手指捏緊牠的下半身，這隻緊張萬分的昆蟲便會在人們指間不停地磕頭作響，因此，牠又叫做「磕頭蟲」。其實磕頭並不表示此蟲格外謙卑有禮，而是牠在野外的逃命避敵絕招，不信的話，將叩頭蟲翻過身子，放在地板上，逗弄一下子之後，牠便會藉著磕頭的力量在地面瞬間反彈，逃離危險的現場。

● 口器：具有咀嚼式口器

● 複眼

● 觸角：多數呈短鞭狀，少數為特殊的櫛齒狀觸角。

● 前胸背板：兩側下緣各具一個尖銳的稜角

● 彈器：胸部腹面中央有一組「彈器」構造，包括一根棒狀突起和一個可以相對密合的凹穴，這就是叩頭蟲藉以磕頭逃生的祕密武器。

● 叩頭蟲胸部腹面中央的彈器構造（烏來）

叩頭蟲小檔案

分類：屬於鞘翅目多食亞目叩
　　　頭蟲總科叩頭蟲科
種數：全世界超過15000種，
　　　台灣已知300多種
生活史：卵─幼蟲─蛹─成蟲

要訣 1.看外觀特徵

叩頭蟲的外觀近似吉丁蟲，顏色艷麗的種類更是神似。辨識的主要關鍵在於牠們的前胸：叩頭蟲前胸背板兩側下方各具有一個尖銳的稜角，而吉丁蟲則無。此外，叩頭蟲的前胸背板較寬大，頭部則更窄小。

● 腳：各腳平均，但不擅長快速爬行。

● 翅膀：多數種類的翅鞘顏色暗沉；少部分具有亮麗的金屬光澤及美艷的色彩斑紋。

標本：體長3.2公分

要訣 2. 解讀生態行為

1.看食性與棲息環境

　　叩頭蟲在野外環境中，主要以啃食植物莖葉或吸食樹液維生，而不少中、小型的種類也常循著香味，來到木本植物花叢上訪花吸蜜，因此樹林可說是叩頭蟲最活躍的棲息場所。此外，不少叩頭蟲夜晚也會趨光，所以以山區路燈附近也是找尋牠們蹤影的最佳去處。

　　趨光後的叩頭蟲偶爾也會隨機撿食被人車輾死的昆蟲屍體，所以，叩頭蟲可說是葷素兼食的雜食性昆蟲。

●吸食樹液的大青叩頭蟲（陽明山）

2.看避敵行為

　　叩頭蟲胸部腹面中央有一組可以自由分離或急速密合的彈器構造，這便是牠藉以瞬間猛力磕頭，或翻筋斗逃

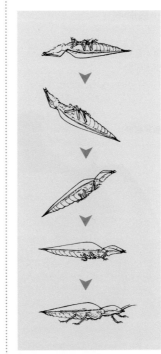
●叩頭蟲的翻身步驟

生的有利裝備。

　　當叩頭蟲由高處掉落地面，以致身體仰臥時，牠會利用腹面的彈器將前胸往後一挺，「嗒」的一聲，身體就翻過來了。當牠受到干擾時，同樣也會利用彈器猛力磕頭，以產生強大的反彈力量，達到逃避敵害的目的。

3.看幼蟲習

　　叩頭蟲的幼蟲和成蟲一樣，大部分是雜食性種類，平時寄居在枯木中四處鑽洞，啃食木質纖維過活。一旦牠們在枯木中遇到了鍬形蟲、吉丁蟲、擬步行蟲等甲蟲的幼蟲或蛹，便會藉此飽餐一頓，即使對方體型很大、無法一口氣吃光，也會將牠們狠狠咬死，吃飽方才罷休。

●叩頭蟲幼蟲寄居於枯木中，會啃食木頭，也會捕食其他的甲蟲幼蟲或蛹。（中和）

●叩頭蟲幼蟲會在枯木中製造蛹室化蛹（中和）

●夜晚趨光的叩頭蟲會順便捕食附近的小蛾充飢（拉拉山）

觀察瓢蟲

在英國古代的傳說中，只要少女抓一隻小瓢蟲放置手中，等小瓢蟲爬至手指的指尖、展翅飛起，這隻小蟲子往前飛的方向，便是這位少女未來夫家所在的方向，因此，瓢蟲的英文名稱叫做「淑女蟲」。外觀上，瓢蟲長得十分秀氣可愛，舉止也相當淑女，但事實上，許多瓢蟲卻是殺蟲不眨眼的植物小醫師呢！

瓢蟲小檔案

分類：屬於鞘翅目多食亞目
　　　扁蟲總科瓢蟲科
種數：全世界超過5000種，
　　　台灣已知240多種
生活史：卵—幼蟲—蛹—成
　　　　蟲

●這是雙紋小黑瓢蟲，體長僅約2.5mm，野外尚有體型更小的種類。（內雙溪）

觸角：呈短鞭狀，但不太明顯。

口器：具有咀嚼式口器

複眼

前胸背板

翅膀：肉食性的種類翅鞘上多半具有亮麗的光澤，及美艷的色彩斑紋；植食性瓢蟲翅鞘上則因滿布細短絨毛，較無光澤。

腳：粗短，常縮在翅鞘下方，適合在植物叢間攀爬。

要訣1.看外觀特徵

瓢蟲的身材很迷你，許多種類的體長甚至不到半公分，頭部十分短小，常縮藏在前胸背板下側。但牠那圓滾滾的半球形體軀，與色澤亮麗的外觀，卻使人無法因其「小」而忽略了牠的存在。肉食性瓢蟲中有不少成蟲外觀斑紋有極大的個體差異，同一種瓢蟲甚至有超過五種的外觀模樣，一般人剛開始認識時，很容易當成不同的種類。

標本：體長0.8公分（本種為肉食性瓢蟲）

要訣2.解讀生態行為

1.看食性與棲息環境

大部分的瓢蟲屬於肉食性昆蟲，成蟲或幼蟲都常常穿梭在植物叢間，以捕食蚜蟲、介殼蟲、木蝨等小害蟲維生，因此牠們常被美稱為「植物小醫生」。

其他的植食性瓢蟲則是以菌類或植物葉片當食物。吃植物葉片的瓢蟲通常比較挑食，成蟲和幼蟲習慣寄居在

●植食性瓢蟲經常將寄主植物啃得面目全非（貢寮）

特定植物上啃食葉片，所以少數會嚴重危害植物健康。

2.看自衛行為

瓢蟲和大多數其他甲蟲有個共通的習性，那就是遇到突然的干擾騷動，牠們會六腳一縮，從植物叢間掉落地面裝死，以尋求逃命自保的機會。

另外，瓢蟲還有一個自衛的習慣，那就是當牠們遭到嚴重攻擊時，會從各腳或身體的關節分泌出橙黃色的體液，這些液體具有腥臭的氣味，有時可以用來驅退侵犯的敵害。

3.看生活史變化

一般常見的肉食性瓢蟲幼生期的生活史都很短。在野

外植物叢的蚜蟲堆間捕食蚜蟲的瓢蟲幼蟲身長若已達一公分，大部分是已經接近成熟的終齡幼蟲。

只要有充足的食物來源，成熟的終齡幼蟲在一、二天內就不再進食，然後會在植物叢間找個合適的位置，將尾部直接黏在植物莖葉上，一天內就會蛻皮變成較圓胖的蛹。再歷時一個星期左右，蛹便會蠕動脫殼，羽化出一隻成蟲。

剛羽化的瓢蟲翅鞘全為米黃色，經過半天至一天的時間，便會逐漸顯現出該種瓢蟲的正常體色和斑紋。

●六條瓢蟲的幼蟲（永和）

●六條瓢蟲的蛹（永和）

●剛羽化的六條瓢蟲成蟲翅鞘為米黃色（永和）

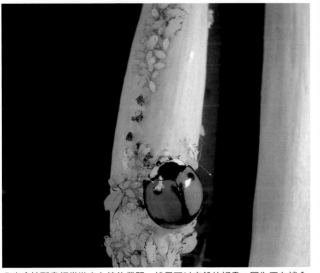
●肉食性瓢蟲經常遊走在植物叢間，找尋可以充飢的蚜蟲。圖為正在捕食蚜蟲的錨紋瓢蟲。（埔里）

觀 察芫菁

芫菁的種類不多，卻是野外常見、造型特別的甲蟲。芫菁會飛行，但很少見到牠們利用翅膀行動，反倒是經常頂著像是「膽囊」的大肚子，在地面上四處爬行，也因此被俗稱為「地膽」。

複眼 ●

● 口器：具有咀嚼式口器

● 台灣土芫菁的雄蟲有形狀特殊的觸角，這是數量較少的特有種。（觀霧）

● 觸角：多呈鞭狀，少數種類雄蟲觸角形狀特殊。

● 胸部：前胸背板與頭部約等大；部分雄蟲腹面有特別長的密毛叢。

芫菁小檔案

分類： 屬於鞘翅目多食亞目擬步行蟲總科芫菁科
種數： 全世界約有7500種，台灣已知約有14種
生活史： 卵—幼蟲—蛹—成蟲

● 翅膀：翅鞘薄而軟，左、右翅下緣自成角度。

要訣 1. 看外觀特徵

芫菁的頭又圓又大，「脖子」細細的，拖著又粗又肥的肚子，雌蟲看起來更像個懷胎十月的準媽媽。另一個外形上的特徵是：牠的翅鞘表面大多沒有光澤，觸摸起來薄而軟，與其他有著堅硬外殼的甲蟲明顯有別。

● 腳：各腳細長，適合攀爬在植物叢間；部分雄蟲前腳有特別的密毛叢。

標本：♀，體長1.6公分

要訣 2. 解讀生態行為

1.看食性與棲息環境

芫菁的種類雖然不多，但是在台灣的野外環境中，豆芫菁和條紋豆芫菁卻是常見的甲蟲。牠們的成蟲都是植食性昆蟲，平常會成群密集在寄主食草植物上啃食葉片。由於食量驚人，經常會把一棵植物的葉片啃食精光，然後再移到附近另一株植物上覓食。

2.看警戒色

採集過芫菁的人，第一個印象是這類甲蟲的外殼薄軟，一點也沒有其他甲蟲般堅硬的軀體。不僅如此，外觀鮮艷醒目的芫菁也不少，難道牠們不會因天敵侵犯而族群式微嗎？

不用怕，因為芫菁的體內含有劇毒的芫菁素，少有肉食性動物敢隨便將牠們啃食下肚，所以鮮艷的外表正是一種警戒色。最有趣的是，早在二千年前，中國人便已

●大紅芫菁具有鮮艷醒目的警戒色（內雙溪）

利用芫菁體內的毒素來製作中藥材，草藥店中的「斑貓」便是芫菁的乾燥蟲體，據說能當利尿劑或春藥。

3.看求偶、交配行為

上述兩種最常見的豆芫菁有著非常奇特的求偶交配行為。當雄芫菁在植物叢間覓食的時候，一旦發現附近有單身的雌蟲，經常會捨棄食慾，立刻騎到雌蟲背上去。不過這時候雄蟲不會立即強行交尾，而是以修長的觸角纏繞在雌蟲的觸角上來回摩擦示意，假如雌蟲對求偶的對象也有好感，牠會配合雄蟲的觸角相互糾纏搓動，這時候更興奮的雄蟲還會左右擺動身體以腹部去摩擦雌伴的背側，經過一連串求偶「愛撫」之後，雄蟲才會彎下腹部尾端和雌蟲正式交配。

部分芫菁雌雄兩蟲由於交

尾時間過久，肚子餓的雄蟲還會轉身自行就近啃食草葉片，形成甲蟲中較少見的雌雄頭尾相反的交配姿勢。

●交尾過久的雌雄豆芫菁常頭尾相反、各自覓食。（陽明山）

4.看幼蟲習性

芫菁的幼蟲多為寄生性的肉食種類。雌蟲將無數的卵產在地底後，有些種類的幼蟲孵化後會鑽行地底，尋找蝗蟲的卵塊寄生；有些種類的幼蟲則會鑽出地面，爬行到花朵上，等待熊蜂前來訪花時，趕緊爬到熊蜂身上隨牠們回巢，寄生在蜂巢中的芫菁幼蟲便以熊蜂幼蟲和蜂蜜作為成長所需的食物。

●豆芫菁正以觸角相互交纏，求愛示意。（陽明山）

觀察擬步行蟲

擬步行蟲又稱為「偽步行蟲」，可見牠經常被誤認為是步行蟲；尤其是喜歡甲蟲的新鮮人，夜晚在山路路燈下更容易錯認。牠的幼蟲大多生活在朽木之中，想見其廬山真面目，倒不必大費周章到野外去劈剖朽木，因為鳥店所賣的活餌飼料「麵包蟲」就是擬步行蟲的幼蟲，非常適合作為飼養觀察的對象。

口器：具有咀嚼式口器，但不及步行蟲鋒利。

複眼

觸角：呈棍棒狀或短鞭狀

前胸背板

翅膀：大多數種類翅鞘上均有縱向的溝紋或刻點排列

腳：各腳平均、細長，但爬行速度遠不及步行蟲。

擬步行蟲小檔案

分類：屬於鞘翅目多食亞目擬步行蟲總科擬步行蟲科
種數：全世界有20000多種，台灣已知約有500種，半數以上是台灣特有種
生活史：卵—幼蟲—蛹—成蟲

要訣 1. 看外觀特徵

擬步行蟲的外觀近似步行蟲（100頁），不過實際上牠們二者是分屬不同亞目的成員，親緣關係並不密切。一般而言，擬步行蟲的體型為橢圓形或長橢圓形，身材較步行蟲粗短、渾厚，也沒有明顯的「脖子」與「腰身」，觸角較短也較多樣化。

標本：體長1.1公分

要訣2.解讀生態行為

1.看食性與棲息環境

擬步行蟲的食性較雜，有些種類會吸食樹液、啃食朽木或腐葉，也有不少種類是糧倉穀物的大害蟲，嚴格來說，有很多擬步行蟲算是雜食性的甲蟲。

擬步行蟲多半夜行，而且多數會趨光，牠們和步行蟲一樣常出現在山區路燈下的草叢或地面。

2.看自衛方法

步行蟲會分泌刺鼻的腺液來趨敵，擬步行蟲也有同樣自衛方法，只不過擬步行蟲的分泌物味道不如步行蟲的腥臭，而有一股特殊的化學藥品味。所以捕捉之後，聞聞手上留下的味道，比較一下，可以區分出擬步行蟲和步行蟲的不同。

此外，從牠們爬行的速度也可看出不同：步行蟲擅長快速疾行，徒手較難順利捕捉；擬步行蟲的動作較慢，很容易用手就可以捉到。

3.看生活史變化

在甲蟲的生活史中，幼蟲蛻皮變蛹，或蛹蛻皮羽化為成蟲的生態變化，是最值得深入觀察的。

可惜大部分的甲蟲幼蟲或蛹，均隱藏在樹幹、朽木或地底中，一般人較少有機會接觸到，唯獨在鳥店中被當作飼料活餌販賣的擬步行蟲的幼蟲「麵包蟲」，很適合買回家中飼養，餵養的食物如：麵包、麵粉、穀物、朽木、腐葉等，也很方便取得，非常容易全程觀察精采的蛻變過程，有興趣的人不妨一試。

擬步行蟲的幼蟲身體呈長圓筒狀，在野外樹林的枯木中也很常見，牠們會到處鑽洞啃食纖維，當食物短缺時，連其他同伴的屍體、蛻皮，一樣照單全收。一些較優勢種也會危害貯糧。

●麵包蟲是鳥店中很容易買到的擬步行蟲幼蟲（永和）

●擬步行蟲的蛹（永和）

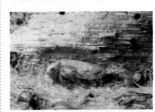
●正在蛻皮羽化的擬步行蟲（永和）

●擬步行蟲的外觀近似步行蟲，但他們的爬行速度較緩慢。圖為葫蘆擬步形蟲。（尖石）

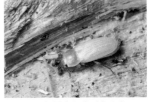
●剛羽化的擬步行蟲（永和）

觀察天牛

天牛，是因為頭頂上有對細長、神似彎牛角般的觸角，並且經常在空中展翅舒緩翱翔，因此得名，英文名稱則叫做「長角甲蟲」，看來，中名似乎比英名更傳神，更能表達這類甲蟲的外觀和姿態。

天牛小檔案

分類：屬於鞘翅目多食亞目金花蟲總科天牛科
種數：全世界超過26000種，台灣已知約有800種
生活史：卵－幼蟲－蛹－成蟲

要訣1. 看外觀特徵

天牛的種類繁多，因此外觀差異相當大。但一般常見的種類體型多半呈細長橢圓形，且有一項很明顯的特徵，那就是擁有一對超級長的鞭狀觸角，有些甚至長達體長的三倍以上！就像京劇中武角頭冠上的長鞭一般，看起來威風八面，氣勢不凡。

● 口器：具有發達的咀嚼式口器

● 複眼：具有腎形複眼

●天牛具有特殊的腎形複眼（金門）

● 前胸背板：不少種類兩側各有一枚尖銳的突刺

●不少天牛的前胸背板兩側有突刺（蘭嶼）

● 產卵管：少數種類雌天牛的產卵管會露在腹部末端

● 翅膀：翅鞘細長；擅飛行的膜質下翅縮藏在翅鞘下方。

● 腳：各腳平均而發達，適合在植物叢間攀爬。

● 觸角：呈細長鞭狀；不少中、大型種類的雄天牛觸角遠比雌天牛長許多。

標本：♂・體長2.5公分

要訣 2. 解讀生態行為

1. 看食性與棲息環境

天牛家族成員全都是屬於植食性的種類。雌天牛在交配過後，會依本能找到幼蟲適合寄居的特定植物莖幹或是枯朽樹幹，將卵產在樹皮下或樹幹縫隙中。孵化後的幼蟲便會鑽行於這些活樹或枯木的組織中，一面鑽挖長隧道，一面啃食木頭纖維維生。

當天牛成蟲在羽化鑽出植物莖幹後，也喜好以植物為食。例如，不少晝行性的天牛常在木本植物花叢間吸食花蜜、啃食花粉，有些天牛則會啃食特定植物的莖葉或樹皮。因此有些天牛會嚴重危害樹木，例如松斑天牛的覓食、產卵常造成松樹感染松材線蟲而大量病死。

2. 看喬裝術

由於天牛家族非常龐大，少數種類為了避免慘遭肉食性天敵攻擊而喪命，外觀擬態其他昆蟲，有的長得像身懷毒針的虎頭蜂或姬蜂；有的像兇猛的鍬形蟲；有的像堅硬難以消化的硬象鼻蟲；體型小的則是擬態團結兇狠的螞蟻；以及體內有異味、難以下嚥的金花蟲。

●台灣黃條虎天牛擬態虎頭蜂（觀霧）

3. 看產卵行為

雌天牛會產卵的植物莖幹大致可分為兩類，一類是活樹的莖幹，另一類是枯朽的莖幹，分別反應出兩大類天牛雌蟲不同的產卵習性。

在活樹上產卵的雌天牛會依本能，循味找到幼蟲可寄居的植物，然後以鋒利的大顎在樹皮上切開一條細縫，接著轉身在樹皮縫中產下一卵，最後再轉身，用尾部搓動細縫外的樹皮，以當初切開樹皮時的碎屑塞滿整個細縫，才算完成產卵大事。

而產卵於枯朽腐木中的雌天牛則習慣在枯木上四處爬行，當牠發現有適合產卵的縫隙時，便會伸出尾部的產卵管，直接將卵產於其中，不會有填充碎屑的習慣。

●白條尖天牛雌蟲在樹皮上咬開一段細縫（新店）

●轉身將卵產入縫中，用尾端將產卵點以樹皮碎屑填平。（新店）

●樹皮上的產卵痕跡（新店）

●稀有艷麗的紅星天牛（北橫四陵）

觀察金花蟲

金花蟲是屬於小型的甲蟲，外觀艷麗、高貴，是天牛的近親，但卻常被誤認成瓢蟲。金花蟲又名「葉蟲」或「葉甲」，顧名思義，牠們經常駐足於植物花、葉上。此外，牠們還是純吃素又挑食的大家族。

金花蟲小檔案

分類：屬於鞘翅目多食亞目金
　　　花蟲總科金花蟲科
種數：全世界超過37000種，
　　　台灣已知約有700多種
生活史：卵—幼蟲—蛹—成蟲

●黃偽瓢金花蟲長得很像瓢蟲
（中和）

●有些金花蟲比瓢蟲更美艷動
人（金門）

要訣 1.看外觀特徵

金花蟲體色多半艷麗動人，一般體型為橢圓形或長橢圓形，觸角為鞭狀或短棍棒狀，各腳粗壯發達。

有部分金花蟲的外觀很像瓢蟲，但瓢蟲的體型比較圓，觸角也較不明顯；真要仔細辨認時，金花蟲各腳前段的跗節有四小節，瓢蟲則只有三節。而且當受到侵擾時，金花蟲不會像瓢蟲般伏在葉面上，而看不到六隻腳。

●觸角：呈短鞭狀或短棍棒狀

●口器：具有咀嚼式口器

●複眼

●前胸背板

●腳：各腳粗壯發達，跗節有四小節。

●翅膀：翅鞘多具光澤或美麗的色彩斑紋

標本：體長1.3公分

要訣2.解讀生態行為

1.看食性

金花蟲在鞘翅目甲蟲中算是成員眾多的龐大家族，不過牠們有一個共通的習性，那就是全部都是植食性，而且幾乎都有各自特別喜好的植物。

因此，走到戶外，不管是菜園的白菜、高麗菜、芥藍菜、甘藷、絲瓜、胡瓜……山路旁的草叢和樹林的植物等葉片上，到處都有機會見到各式各樣的金花蟲活躍其中，把葉片、花瓣啃得坑坑洞洞，慘不忍睹。

2.看棲息環境

由於食性的關係，金花蟲經常棲息在寄主植物叢間，因此，木本、草本或藤（瓜）類植物的葉面上都有可能找到牠們的芳蹤。

不少金花蟲是繁殖力驚人的優勢種，牠們密集的族群會對某些人類的經濟作物或造林樹種造成嚴重的傷害，因而成了間接危害人類的害蟲。例如：在十字花科菜園中，很容易見到微小的黃條葉蚤；黃守瓜和黑守瓜是瓜類植物蔓藤花葉上的常客；赤楊金花蟲則經常危害中海拔的台灣赤楊。

3.看求偶交配行為

在野外觀察金花蟲，求偶交配的生態也是一個有趣的重點。以中、低海拔山路小徑旁常見的「藍金花蟲」為例，牠們常有成群密集啃食火炭母草的情形，因此火炭母草的葉片上很容易見到成雙成對正在交配中的藍金花蟲。

假如遇到族群中雌少雄多的情形，有些找不到交配對象的雄蟲會爬到正在交配的雄蟲背上胡搞亂來，而形成三隻「疊羅漢」的特殊畫面。受到干擾的雄蟲往往無法專心交配，常會抬起後腳想盡辦法要將情敵踢走，於是就暫時中止交配，專心排除背上的障礙。結果，此時雌蟲可能便自行離開，到清靜的他處啃食火炭母草的葉片，而最後這兩隻雄蟲也會鬧得不歡而散。

●藍金花蟲的幼蟲是火炭母草上的大食客（烏來）

●黃守瓜經常出現在瓜類植物的花葉上（楊梅）

●金花蟲經常把植物啃得面目全非（烏來）

●火炭母草葉片上藍金花蟲交配的趣味畫面（北橫池端）

觀察象鼻蟲

看見「象鼻」二字，大概不難想像象鼻蟲的模樣吧。的確如此，典型的象鼻蟲頭部前方就有一副酷似大象鼻子的長口吻，只不過象鼻蟲是一類體型不大的甲蟲，而且「鼻子」並不會吸水，反倒是享用美食時的好工具。

象鼻蟲小檔案

分類：屬於鞘翅目多食亞目象
　　　鼻蟲總科
種數：全世界有80000多種，
　　　台灣已知最少700多種
生活史：卵─幼蟲─蛹─成蟲

觸角：有曲膝狀、短鞭狀、長鞭狀及棍棒狀等造型。

口器：具有發達的咀嚼式口器，連同部分頭部常特化成長鼻狀。

複眼

前胸背板

翅膀：翅鞘常有刻點或斑紋；會飛行，但行動較遲緩。

腳：粗壯發達，且脛節末端多呈弧形尖鉤狀，以利於在植物莖幹或枝叢間活動。

要訣1. 看外觀特徵

象鼻蟲的體型多為短圓筒狀，最大的特徵是：頭部前方有一根尖尖長長、如大象鼻子般的「口吻」（口器的一部分），是牠用來鑽挖樹幹或果實的實用工具。

標本：體長2.5公分（含口吻）

要訣 2. 解讀生態行為

1.看食性

台灣常見的象鼻蟲幾乎全是植食性的，牠們有的會啃食植物葉片，有的會蛀食植物莖幹、根或果實，如俗稱的「筍龜」；有的在落葉堆以腐植質維生；有的則會蛀食倉貯穀物，如俗稱的「米龜」或「米蟲」。因此，有不少種類成了人類經濟作物或糧食的害蟲。

●斜條大象鼻蟲在植物叢間活動（陽明山）

●遭到米蟲肆虐的米糧（永和）

2.看棲息環境

台灣較常見的象鼻蟲多半屬於象鼻蟲、三錐象鼻蟲、長角象鼻蟲以及捲葉象鼻蟲四科。

由於象鼻蟲多以植物為食，因此野外樹林環境是牠們最主要的活動場所，但因食性不同而有所分別，有的棲息在樹叢、草叢間，有的可以在植物莖幹上找到，有的甚至棲息在落葉堆中。

除了捲葉象鼻蟲外，前述其餘三科的成員大都會夜行趨光，因此山區路燈下很容易看見趨光後停在植物叢間或地面的個體。

3.看避敵行為

大部分象鼻蟲都能飛行，但是牠們卻是甲蟲中行動較遲緩的一群，平時的爬行速度原本就非常緩慢，一旦稍有風吹草動，牠們習慣先停下來靜觀其變，萬一受到騷擾，大多會縮緊身子，以裝死的技倆來應變。

4.看育幼「搖籃」

捲葉象鼻蟲是非常有趣的甲蟲，成蟲和幼蟲都以特定的植物葉片為食，成蟲經常會飛到葉片上覓食、交配、產卵，進而進行相當特殊的「育幼工程」。

交配過的雌蟲在葉片上產下一粒卵後，會花很久的時間、頭腳並用地將葉片捲製成一個精緻葉苞，看起來就像育嬰用的搖籃，因此捲葉象鼻蟲俗稱為「搖籃蟲」。孵化後的幼蟲就躲藏在葉苞中攝食裡層腐質葉片成長，直到羽化才鑽出葉苞活動。

各地郊外或山區的水金京和台灣朴樹的樹叢間，很容易找到常見的捲葉象鼻蟲。

●雌捲葉象鼻蟲咬開葉苞的葉柄支撐，使葉苞掉落地面。（內雙溪）

●切開捲葉象鼻蟲的搖籃葉苞，可以看到躲在葉片中央的幼蟲或蛹。（內雙溪）

雙翅目的世界

雙翅目在昆蟲綱中也是一個大家族,全世界的雙翅目昆蟲將近160000種;台灣已知有3100多種。此目成員多屬小型昆蟲,其中有很多是妨害人類環境衛生的「害蟲」。牠們外觀上主要的共同特徵是:只有一對膜質的翅膀(上翅),其下翅已退化,但皆精於飛行。本書介紹常見的蠅、蚊、虻三類雙翅目昆蟲。

觀察蠅

「蒼蠅」是大家再熟悉不過的昆蟲了,事實上,在昆蟲的分類上,並沒有「蒼蠅」這個類別,但我們習慣將活躍於人們周遭的肉蠅、果蠅、麗蠅、寄生蠅、果實蠅等一律統稱為「蒼蠅」。不過,這些不同的蒼蠅,並不是全都對人類有害,有些種類對人類還有直接或間接的貢獻哩。

蠅小檔案

分類:屬於雙翅目短角亞目環裂下目的所有昆蟲

種數:全世界最少3000多種,台灣已知約有2000種

生活史:卵—幼蟲—蛹—成蟲

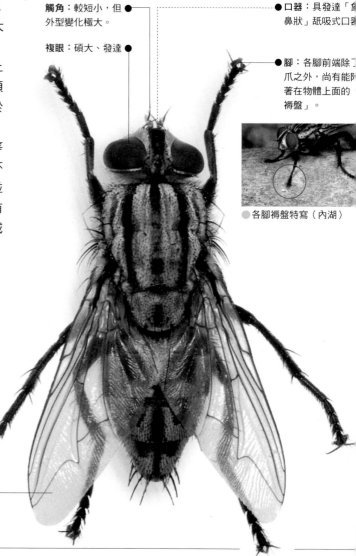

觸角:較短小,但外型變化極大。

複眼:碩大、發達

口器:具發達「象鼻狀」舐吸式口器

腳:各腳前端除了爪之外,尚有能附著在物體上面的褥盤」。

● 各腳褥盤特寫(內湖)

翅膀:只剩一對膜質的上翅,翅脈紋理簡單,下翅已退化成平衡棍。擅飛行。

標本:體長1公分

要訣 1. 看外觀特徵

蠅的體型比蚊粗寬，複眼非常發達，透明的上翅也較寬大。停棲時，大部分均將上翅斜置於身後兩側，局部覆蓋在腹部上。多數蠅身上尚有稀疏的長毛刺，各腳前端有發達的「褥盤」構造，可增強於光滑物體表面的附著力。常見的中、大型蠅覓食時，可看到牠們伸出發達的「象鼻狀」舐吸式口器。

要訣 2. 解讀生態行為

1.看食性和覓食方法

蠅為雜食性昆蟲，常見的種類多偏好甜食或腐食，如：食蚜蠅與寄生蠅喜歡訪花吸蜜；果蠅與果實蠅喜食水果或腐果；麗蠅、家蠅與肉蠅則偏好腐肉與糞便。

粗大且類似象鼻子的舐吸式口器，是大部分蠅用來舐食液體食物的利器。舐食之前，很多蠅會先分泌消化液

●琉璃寄生蠅喜好訪花吸蜜（羅山瀑布）

溶解食物中的養分，再舐食吸收。

2.看棲息環境

蠅的棲息環境與其食物偏好有密切的關係。

●腐果上常見東方果實蠅（烏來）

●腐肉上成群覓食的各種麗蠅（北橫池端）

食蚜蠅常在花叢間盤旋；某些果實蠅（尤其是雌蠅）會在果園出沒；垃圾筒邊及久置的水果上流連不去的紅眼小蠅應該是果蠅；養雞場或以雞糞為堆肥的農場、果園附近，會見到龐大的家蠅族群；而嗜食腐肉、糞便的肉蠅與麗蠅則是垃圾堆的常客。由於家蠅、麗蠅、肉蠅等蠅經常於人類的食物與污物之間來往覓食，因此成了傳播細菌、流行傳染病源的元兇。

3.看幼蟲習性

食蚜蠅的幼蟲專門捕食成群危害植物健康的蚜蟲或介殼蟲，對抑制害蟲有非常大的貢獻。寄生蠅幼蟲會寄生在蝴蝶、蛾幼蟲的體內，成熟後再鑽出寄主體外化蛹，造成寄主死亡，無形中減低了農作物受害的機會。果實蠅的雌蠅常在果園或農田的果實上產卵，好讓幼蟲寄居生長，但也使這些果實喪失食用價值，造成經濟上嚴重的損失。

●正在捕食蚜蟲的食蚜蠅幼蟲（內雙溪）

害蟲變益蟲

原本有害人類健康的麗蠅，近年來有不少國家大量繁殖，並放生在少有人類居住的大果園內，使牠們覓食花蜜，大大提高果樹的受粉率，麗蠅搖身一變成為益蟲。

●大頭麗蠅（新竹新豐）

觀察蚊

一提到蚊子，許多人馬上想到的是：夜裡擾人清夢的嗡嗡聲響、被叮咬後的痛癢滋味，以及令人聞之色變的「登革熱」！凡此種種，都讓人忍不住手心發癢，恨不得一掌「啪」而後快！其實，在人們生活周遭，有不少被稱為「蚊」的小昆蟲，是不會咬人的，下次在舉臂揮掌之際，最好先觀察確認，以免誤傷無辜！

蚊小檔案

分類：屬於雙翅目長角亞目的蚊總科、大蚊總科、搖蚊科等

種數：全世界蚊科昆蟲種數超過2500種。台灣已知蚊科約有130種、大蚊總科約有340種、搖蚊科約有90種

生活史：卵—幼蟲—蛹—成蟲

要訣 1. 看外觀特徵

被泛稱為「蚊」的昆蟲，身材大都很細長，且除了大蚊之外，一般體型都很小。一對透明的膜質翅膀，加上纖細的各腳，是蚊的主要特徵。與其他雙翅目昆蟲比較下，蚊類的複眼雖然也佔了頭部大部分面積，但實際上仍比蠅或虻小很多。

觸角：大蚊科成員的觸角為細小的□狀；蚊科、搖蚊□成員則有發達的毛狀觸角。

口器：大蚊科、蚊科成員的口器不發達；蚊科成員則擁有如利針般刺吸式口器。

腳：各腳纖細；蚊科成員的腳特□細長。

平衡棍：由下翅退化而成

翅膀：只剩一對□質上翅，翅脈約十分單純，是分□鑑定的重要依據□擅飛行。

● 一般被稱為「□子」的蚊科為蚊□科主要成員，停□時翅膀會覆蓋腹□部。圖為熱帶家□蚊。（高雄市）

標本：體長1.7公分（大蚊科）

要訣 2. 解讀生態行為

1.看食性

被稱為蚊的昆蟲中，會叮人、吸血的主要是蚊科的成員，而且是雌蚊的專利，牠們專門吸食動物的體液，而雄蚊則因口器較不發達，通常只吸清水或果液。

體型微小的蚋科、蠓科也常被叫做蚊子，如野外常成群出現的「小黑蚊」，便叮得人全身紅腫、出現小斑點。體型碩大的大蚊科及體腹綠色的搖蚊科昆蟲，因口器退化，不進食也不會叮人。

●白線斑蚊只有雌蚊會吸血（埔里）

●熱帶家蚊的雄蚊大多吸食清水或果液（高雄市）

2.看活動時間與棲息環境

傳染登革熱的白線斑蚊和埃及斑蚊屬於蚊科，白晝較活躍，尤其是白線斑蚊，行跡幾乎遍布全島低海拔山

●大蚊經常在樹林草叢間活動（烏來）

●搖蚊酷似蚊子但不會叮人吸血（高雄澄清湖）

區，埃及斑蚊則活躍於南部的平地與低山區。夜晚家中最常出現的熱帶家蚊棲息在臭水溝、污水池，雌蚊還懂得利用人們開門窗的空檔闖入，有時也從排水溝進出。

大蚊科成員常在山區樹林草叢間活動；搖蚊科成員則最常在黃昏時分，於鄉下農田附近的空中成群飛舞。

3.看幼蟲與蛹習性

蚊的幼蟲棲息在不同水域：蚊科的熱帶家蚊幼蟲棲息在水溝或污水池、斑蚊幼蟲生活在陰暗乾淨的積水中；搖蚊科幼蟲多出現在水田或積水池；大蚊科的幼蟲則常

在潮濕腐木或積水樹洞生活。為了呼吸空氣，蚊科幼蟲的腹部末端有呼吸管，只要每隔一段時間浮至水面，便可倒著身體以呼吸管呼吸。

昆蟲的蛹大多無法移動，蚊科的「自由蛹」卻迥然不同，不但可在水中自由游動，胸部也有呼吸管可呼吸。

●白線斑紋的幼蟲（永和）

●蚊科的自由蛹（永和）

觀察虻

相較於蚊和蠅，同屬雙翅目的虻則是一般人較不熟悉的昆蟲。不過大家可能曾聽過「牛虻」，牠們的外型酷似大蒼蠅，其口器連厚韌的牛皮都能輕鬆刺穿，進而吸血。因此，在野外活動時，一旦被牠們「看」上了，即使隔著層層外衣或牛仔褲，照樣會叮得人哇哇大叫，如此慘痛的經驗相信必定會讓你牢牢記住牠們的尊容。

口器：食蟲虻與虻總科成員具有刺吸式口器；長足虻總科成員具有舐吸式口器。

觸角：較粗短

複眼：發達、碩大，部分種類具有虹彩

腳：各腳細長食蟲虻總科成尚長有棘刺。

翅膀：只剩一對膜質的上翅，翅脈紋理單純，下翅已退化成平衡棍。擅飛行。停棲時習慣將上翅左右疊置於體背，或斜置於後方兩側。

虻小檔案

分類：屬於雙翅目短角亞目直裂下目的虻總科、食蟲虻總科、長足虻總科、水虻總科、蜂虻總科、舞虻總科

種數：全世界詳細統計種數不詳，台灣各種虻類總計400多種

生活史：卵－幼蟲－蛹－成蟲

要訣1.看外觀特徵

虻主要共同特徵是一對大複眼，此外，分科則各具特色：虻總科的外形酷似蠅，但體型比蒼蠅大，且複眼多數具彩色光澤；食蟲虻總科則體型（尤其腹部）特別修長，各腳發達且長滿棘刺，口器也十分發達；長足虻總科的最大特徵，顧名思義，自然是三對細長的腳，牠又有個別名叫「長腳蠅」。

標本：體長2公分（食蟲虻總科）

要訣 2.解讀生態行為

1.看食性

虻的食性因種類不同而有相當大的差異,以下以較常見的虻、食蟲虻與長足虻三個總科的昆蟲分別來說明。

酷似蠅類的虻總科昆蟲具有發達的刺吸式口器,能輕易切開、刺入哺乳動物表皮,吸食滲流出來的血液,因此遇到虻的攻擊之後,傷口上還會滲血。

身體粗壯的食蟲虻總科昆蟲則以獵殺其他昆蟲,吸食體液維生。

●正在葉背上進行終身大事的長足虻(蘭嶼)

●食蟲虻正在捕食蜜蜂(雙連埤)

長足虻總科成員則喜歡吸食樹液,且特別鍾情柑橘樹,有機會到柑橘園時,別忘了去探望牠們。

2.看棲息環境

●植物叢間的鬼食蟲虻(神祕湖)

虻總科昆蟲通常在野外有動物或人類群集的地方出沒;食蟲虻總科成員喜歡棲息於樹林或草叢環境中;在樹幹或有腐果處可能發現長足虻的蹤影,牠們也喜歡在向陽的葉面上曬太陽、活動。

3.看獵食功夫

食蟲虻是體型較大的雙翅目昆蟲,胸部粗壯,腹部細長,各腳長而發達、且滿布棘刺。這樣的身體結構使得牠們擅長快速飛行,並擁有絕佳的視力以及高超的空中捕蟲技巧,一旦攔截了獵物,腳上的棘刺可防止獵物脫逃,最後再以粗大的刺吸式口器刺入獵物體內,慢慢享用體液大餐。擁有這身了得的捕蟲工夫,連擁有螫針的蜂、擅長捕蟲的蜻蜓,甚至體型比牠們大一號的蟬,都難逃被食蟲虻獵殺的厄運。

●食蟲虻捕獲了獵物,正在享用體液大餐。(新店)

鱗翅目的世界

鱗翅目是昆蟲綱的第二大家族，包括大家熟悉的「蝴蝶」與「蛾」。

目前全世界鱗翅目昆蟲超過16萬種，台灣已知約有5000種，其中不到十分之一是蝴蝶。此目昆蟲外觀的共同特徵是：具有兩對布滿鱗片、又薄又大的翅膀。本書介紹常見的7大類蝴蝶與6大類蛾。

觀察鳳蝶

喜愛蝴蝶是多數人接觸昆蟲的最主要起因，而碩大美艷的「蝶中之王」——鳳蝶，更是許多賞蝶人的最愛。若想觀察蝴蝶生活史的變化，鳳蝶類幼蟲也是最合適的對象，只要栽種柑橘盆栽，即使在高樓林立的都市，都容易吸引雌鳳蝶前來產卵繁殖。

鳳蝶小檔案
分類：屬於鱗翅目鳳蝶科
種數：全世界約有600種，台灣已知約有32種
生活史：卵－幼蟲－蛹－成蟲

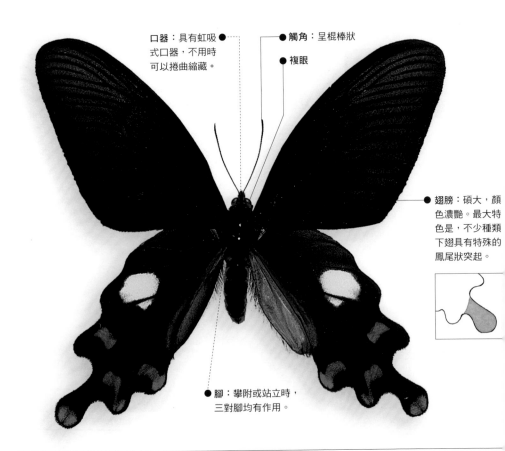

口器：具有虹吸式口器，不用時可以捲曲縮藏。

觸角：呈棍棒狀

複眼

翅膀：碩大，顏色濃艷。最大特色是，不少種類下翅具有特殊的鳳尾狀突起。

腳：攀附或站立時，三對腳均有作用。

標本：展翅寬8.5公分

要訣1.看外觀特徵

鳳蝶的體型碩大，展翅寬最長可達13公分左右。外觀顏色美麗動人，不少常見的種類其上翅為較單純的黑色；下翅則綴滿色彩對比強烈的斑紋，且末端具鳳尾狀突起。下翅的色彩斑紋是鑑別種類差異的依據。

要訣2.解讀生態行為

1.看棲息環境與食性

鳳蝶喜好在陽光充足的地區活動，主要以各類野花的蜜汁為食物，而雄蝶還經常在溪邊濕地、山溝、路旁濕地上吸水。

●訪花吸蜜的保育類昆蟲珠光鳳蝶（蘭嶼）

此外，成蟲也經常在幼蟲寄主植物——馬兜鈴科、樟科、芸香科、木蘭科植物附近活動，雄蝶是為了找尋伴侶，雌蝶則是為了產卵。

2.看幼蟲習性

鳳蝶的幼蟲因種類差異有兩大形態外觀——吃食馬兜鈴科植物的鳳蝶幼蟲體色較深，身上有許多肉質突起；吃食其他植物的鳳蝶幼蟲初齡階段均擬態鳥糞，而終齡幼蟲則體背光滑，體色多為綠色系。

不過，所有鳳蝶幼蟲還有一個共通的特色，那就是牠們頭部後方內藏著一對平時縮在體內備而不用的「臭角」，一旦遭受敵人攻擊，這對臭角會馬上從體內翻出抖動，並且散發出一陣來自食草植物的特殊異味，目的是想藉此驅退來犯的天敵。

●黑鳳蝶的幼蟲受到干擾後，伸出臭角自衛。（永和）

3.看帶蛹形成過程

鳳蝶和其他鱗翅目昆蟲的生活史一樣，屬於完全變態

●紅紋鳳蝶的幼蟲以絲帶托住身體，完成化蛹前的準備工作。（埔里）

，也就是幼蟲要變為成蟲之前必須經過「蛹」的階段。

鳳蝶的蛹是標準的「帶蛹」。成熟的幼蟲找到合適的躲藏位置後，會先吐下一團絲黏在固定物上，然後以尾端的抓鉤穩定下半身，接著以固定附著物為基部，在胸前重複吐下一圈粗絲帶，最後，鑽過絲帶讓它套在身體中央背側，等牠休息一段時間，蛻皮成蛹時，蛹的背側就有一條絲帶托著身體，這就是所謂的「帶蛹」。

4.看越冬休眠習性

冬季經常見不到鳳蝶的成蟲，這些鳳蝶大多數是以「蝶蛹」的形態過冬，直到隔年春天來臨後才會陸續羽化變成蟲。尤其是黃星鳳蝶和斑鳳蝶一年只有一個世代，牠們的蛹期長達8、9個月。只有少數鳳蝶沒有明顯越冬休眠的習性。

觀察粉蝶

相較於鳳蝶的高貴氣質，粉蝶則相當淡雅秀氣。不論你住在都市或鄉村、海邊或高山，四處都可以見到白色紛飛的小蝴蝶，牠們正是台灣地區最常見的粉蝶——紋白蝶類，其幼蟲也是小白菜、高麗菜、油菜等菜葉上常見的小青蟲。

複眼

口器：具有虹吸式口器，不用時可捲曲縮藏。

觸角：呈棍棒狀

腳：攀附或站立時，三對腳均有作用。

翅膀：顏色淡雅，多為粉黃或粉白色，少斑紋，下翅不具尾狀突起。

要訣1.看外觀特徵

一般來說，粉蝶的體型比鳳蝶小，翅膀的顏色十分淡雅，多為粉黃或粉白色，大部分種類的斑紋很少，有的甚至完全沒有特殊斑紋。所有粉蝶的下翅都不具有尾狀突起，相當容易辨識。

標本：♂，展翅寬5公分

要訣2. 解讀生態行為

1.看食性與棲息環境

粉蝶和鳳蝶一樣，喜歡在向陽的開闊地或林緣活動，也喜歡吸食各類花蜜。雄蝶

●美濃黃蝶翠谷可見到淡黃蝶群聚在溪邊吸水的景觀（美濃）

通常活躍在溪谷環境中，許多種類經常成群聚集在濕地上吸水，美濃的黃蝶翠谷就是最具代表性的景觀。

2.看幼蟲習性

粉蝶幼蟲的身材多為細長型，而且體色大都是綠色，當牠棲息在寄主植物的葉叢間時，具有絕佳的保護色作用。而端紅蝶的幼蟲在遭受

●粉蝶的幼蟲具有良好的保護色。圖為台灣紋白蝶幼蟲。（新店）

到騷擾時，甚至還會偽裝成小蛇的模樣，以嚇退來犯的天敵。

粉蝶幼蟲的寄主植物變化頗大，有的吃食十字花科、白花菜科或豆科的草本植物，有的則是以大戟科、蘇木科、鼠李科的木本植物為食物。其中，以紋白蝶的幼蟲和人類關係最密切，因為牠們是許多蔬菜葉片的大害蟲，雌蝶會循味找到幼蟲可以吃食的蔬菜葉片，然後產下砲彈形的小卵粒，沒有農藥抑制的菜葉，很快就會被牠們啃得千瘡百孔。

●端紅蝶幼蟲遭受騷擾時的恐嚇性偽裝外觀（中和）

3.看帶蛹形成過程

粉蝶的蛹和鳳蝶一樣屬於「帶蛹」。羽化在即的蛹殼會逐漸變成半透明，因而裸露出蛹內成蝶上翅表面的色彩。在深夜裡，成蟲只要推

●粉蝶的蛹屬於帶蛹。圖為狀似樹葉的端紅蝶蛹。（中和）

破蛹殼攀爬出來，經過一段時間讓翅膀完全伸展，就正式變成一隻可以到處紛飛的成蝶。

重新驗證迷蝶身分

在台灣舊有的粉蝶調查記錄中，蘭嶼粉蝶、黃裙粉蝶和大黃裙粉蝶均曾經被認為是來自菲律賓地區的迷蝶。

不過，根據近來國人全面的調查資料，「蘭嶼粉蝶」不僅在蘭嶼有穩定的族群，連台灣北部也有確實的棲息觀察結果；「黃裙粉蝶」在蘭嶼雖為較稀少的美麗種，但是筆者依然有幼蟲與寄主植物的確認；「大黃裙粉蝶」原先可能是墾丁地區的偶發性迷蝶，但是近年來在南部地區已經適應生存而穩定繁殖，連人口稠密的高雄市區也可以發現牠們的蹤影。

●原是迷蝶的大黃裙粉蝶，如今已經歸化成台灣的一分子。（墾丁）

觀察斑蝶

台灣本島各地常見的斑蝶雖只有區區十三種，但牠們卻是野外花叢間非常易見的舞姬仙子；在許多供人參觀的蝴蝶園中，斑蝶更是少不了的嬌客。由於斑蝶體內多半含有毒素，敢吃牠們的天敵較少，因此此天生行動遲緩悠哉，而且不太怕人，可說是最適合靠近觀賞的蝴蝶。

斑蝶小檔案

分類：屬於鱗翅目蛺蝶科斑蝶
　　　亞科
種數：全世界約有450種，台
　　　灣含離島已知約有16種
生活史：卵—幼蟲—蛹—成蟲

● 口器：具有虹吸式口器

● 觸角：呈棍棒狀

● 複眼

● 翅膀：下翅呈均勻的圓弧狀，無稜角，且其翅脈的中室完全封閉

腳：前腳退化，縮在胸前，停棲時只見中、後兩對腳。 ●

●斑蝶一般只使用兩對腳來攀附或停棲覓食。圖為黑脈白斑蝶。（蘭嶼）

要訣1. 看外觀特徵

所有蛺蝶科成員（包括斑蝶、蛇目蝶、蛺蝶等）野外辨識的主要祕訣是：牠的成蟲停棲、攀附或覓食時，只使用後面二對腳（即中、後腳），其前腳已退化縮在胸前。此外，斑蝶的下翅一般皆呈均勻的圓弧狀，沒有特別的邊角，是牠另一個外觀特色。至於比較科學的鑑定關鍵則是：斑蝶的翅膀結構中，下翅翅脈的「中室」完全封閉，可與其他蛺蝶科成員明顯區分。

標本：展翅寬7.3公分

要訣 2. 解讀生態行為

1.看食性與棲息環境

　　大部分的斑蝶平時喜好在日照充足的向陽地區活動，在野生植物花叢間穿梭、訪花吸蜜，也經常駐足山區公園的盆栽或景觀花卉的蜜源植物上，部分雄蝶也會在濕地上吸水。

　　台灣有兩、三處地方可見到非常壯觀的斑蝶族群。其一，是在五、六月晴朗天氣下，北部許多山區林道旁的草本野花（如澤蘭）上會有青斑蝶與小青斑蝶群聚覓食。其二，是在屏東、高雄的低海拔山區、小乾溪床樹林中，會有無數來自各地的紫斑蝶集體過冬；台東南部低山區也有類似的越冬情形，但以青斑蝶類偏多。

●台灣北部大屯山區一帶，五、六月可見小青斑蝶在山路邊訪花。（大屯山）

2.看自衛天賦

　　斑蝶的體內都含有劇毒或腥臭難以下嚥的體液，因此少有肉食性小動物會捕食牠們。也因為這樣的「天賦」，斑蝶在有恃無恐下，自然養成了動作遲緩的習慣。

3.看幼蟲習性

　　斑蝶體內的毒性與異味其實是來自幼蟲的食物。台灣的斑蝶幼蟲寄居吃食的，幾乎全是蘿摩科、夾竹桃科或桑科榕屬的植物，這些多汁、有毒或有異味的植物成分聚積在幼蟲體內，使得多數天敵有所忌諱，不敢捕食。

　　因此，斑蝶幼蟲並不需刻意以保護色隱藏行跡，反而帶有鮮艷的警戒色和誇張的細長肉質突起。不過，這些有毒的斑蝶幼蟲體表並無會讓人皮膚紅腫發炎的毛刺，用手觸摸捕捉不會有危險。

●黑脈樺斑蝶的幼蟲具有鮮艷外觀（蘭嶼）

4.看吊蛹形成過程

　　斑蝶幼蟲在化蛹時找到固定附著物，接著吐下絲團，以尾足的抓鉤固定在絲團後，便不再吐絲托著身體，最後會倒吊在絲座下方蛻皮化蛹，因而此類型的蛹一般稱為「吊蛹」或「垂蛹」。

●圓翅紫斑蝶的「吊蛹」（永和）

●成群的紫斑蝶群聚在山谷中集體過冬（茂林）

觀 察蛇目蝶

從「蛇目蝶」的名字便可得知這類蝴蝶的最大特色：擁有蛇目般的斑紋。不少種類的蛇目蝶外觀極為近似，但只要在牠們夾緊翅膀時，留意下翅中眼紋的數目、大小、排列的方式，便可逐一辨識出牠們的確實身分。

蛇目蝶小檔案

分類：屬於鱗翅目蛺蝶科蛇目蝶亞科

種數：全世界約有2500種，台灣已知約有41種

生活史：卵─幼蟲─蛹─成蟲

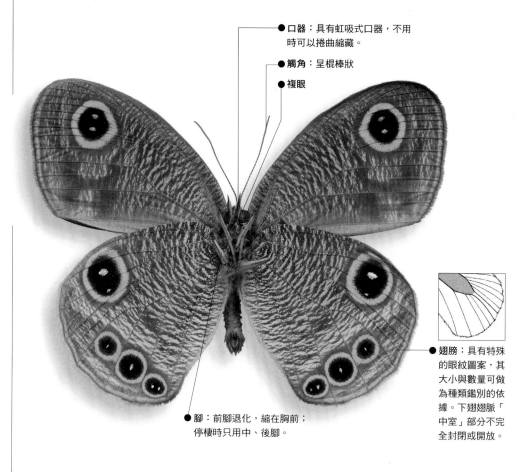

● 口器：具有虹吸式口器，不用時可以捲曲縮藏。

● 觸角：呈棍棒狀

● 複眼

● 翅膀：具有特殊的眼紋圖案，其大小與數量可做為種類鑑別的依據。下翅翅脈「中室」部分不完全封閉或開放。

● 腳：前腳退化，縮在胸前；停棲時只用中、後腳。

要訣 1. 看外觀特徵

蛇目蝶的體色較不鮮明，多為褐色或黑褐色，但牠有一項清楚易辨的特徵：翅膀上或多或少具有如同炯炯蛇眼般的大小眼紋，這也是「蛇目」蝶之名的由來。科學上則是由其下翅翅脈「中室」不完全封閉或開放來鑑識。如同其他蛺蝶科成員，牠停棲時也只慣用中、後腳，其前腳已退化，縮在胸前。

●蛇目蝶停棲時只用中、後腳站立。（烏來）

標本（腹面）：展翅寬4.5公分

1.看食性與棲息環境

蛇目蝶特別喜好樹林等較蔭涼的環境，但除了覓食樹液外，蛇目蝶很少停棲在樹木上，一般多在較低的草叢或地面活動。

有些蛇目蝶會訪花吸蜜，但更多種類偏好在樹林中吸食樹液、腐果、動物的糞便，甚至是死屍。

●永澤蛇目蝶是夏天在高山箭竹坡常見的蛇目蝶（合歡山）

2.看自衛行為

蛇目蝶的體色大多為褐色系，在樹林、地面、落葉堆和雜草間活動時，鳥類不容易一眼就看見牠們，因而達到了隱藏行蹤的良好效果。即使被天敵發現而慘遭攻擊，蛇目蝶翅膀上的眼紋也能發揮誤導攻擊目標的作用，因為鳥類會將眼紋誤認為頭部而用嘴猛啄，蛇目蝶雖然損失一小塊翅膀，卻可趁機快飛，逃過一劫。

3.看幼蟲習性

蛇目蝶幼蟲共同的特徵是：具有或大或小的燕尾狀尾突。同一種的幼蟲常有綠色與褐色兩種不同體色，都具有極佳的保護色效果，可隱藏自己的行蹤。

蛇目蝶的幼蟲大多以禾本科的各類竹葉或雜草為食物，唯一的例外是紫蛇目蝶幼蟲，牠以棕櫚科植物葉片為食。

蛇目蝶幼蟲生活史中多為

●蛇目蝶幼蟲均有燕尾狀尾突。圖為小蛇目蝶幼蟲。（中和）

四齡或五齡，少數以幼蟲越冬的種類（多半生活在中、高海拔），則可多達七至九齡，幼蟲期長達半年以上。

4.看吊蛹

蛇目蝶和斑蝶的幼蟲一樣以倒吊的方式形成「吊蛹」，羽化後直接吊掛在蛹殼下等待翅膀硬化成形。大部分蛇目蝶多以成蟲的形態躲藏在樹林草叢中渡過寒冬，因此春季沒有特別明顯的羽化尖峰。

●黑樹蔭蝶體色為褐色，具有良好的保護色效果。（埔里）

●雌褐蔭蝶的吊蛹（內雙溪）

觀 察 小灰蝶

剛開始接觸蝴蝶的人，往往很容易忽略掉體型微小的小灰蝶，當然也就不清楚，事實上小灰蝶佔了台灣蝴蝶種類的四分之一之多。在都市的公園、人行道、校園中，都找得到小灰蝶嬌小的身影；到山裡去，也可能遇見十分美麗珍貴的種類！因此，切不可因其小，而「忘」了牠們的存在喔！

小灰蝶小檔案

分類：屬於鱗翅目小灰蝶科
種數：全世界約有6000種，台灣約有120種
生活史：卵－幼蟲－蛹－成蟲

口器：具有虹吸式口器，不用時可捲曲縮藏。

觸角：呈棍棒狀，具黑白相間的對比色。

複眼：黑色，四周有一圈白色鱗片。

●小灰蝶有造型特殊的複眼（北橫池端）

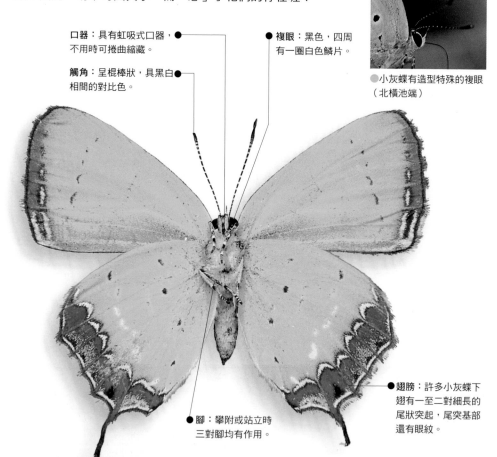

腳：攀附或站立時三對腳均有作用。

翅膀：許多小灰蝶下翅有一至二對細長的尾狀突起，尾突基部還有眼紋。

要訣1.看外觀特徵

小灰蝶是所有蝴蝶中體型最嬌小的，外觀上有兩個很容易辨識的特徵：一是大部分小灰蝶的黑色複眼四周有一圈白色的鱗片，看起來像是帶著一副白框的太陽眼鏡；二是其觸角多呈黑白相間的對比色。另外，有不少小灰蝶下翅有一至二對細長的尾狀突起，且尾突基部還有眼紋的構造。

小灰蝶的名字可能讓人以為牠的體色一定很灰暗，其實由於其種類繁多，外觀變化大，許多中、高海拔較稀有種的小灰蝶外表甚至十分艷麗呢！

標本（腹面）：♀，展翅寬3公分

要訣 2. 解讀生態行為

1.看棲息環境與食性

　　小灰蝶的種類多，加上幼蟲食草植物各有不同，因此不管是花叢、草叢、樹叢、溪邊濕地，甚至農田菜園等環境，都可能發現小灰蝶的芳蹤。整體而言，牠們比較喜歡在日照較充足的環境中活動。除了訪花吸蜜外，有不少種類還喜歡群聚吸水。

●小灰蝶下翅尾突基部的眼紋，已被天敵啄去一大塊。（北橫大曼）

●成群在林道濕地吸水的姬波紋小灰蝶（埔里）

2.看避敵方法

　　許多小灰蝶的下翅尾突基部有眼紋，可以讓其他肉食性小動物誤認為此部位是小灰蝶的頭部，因此即使天敵選定這個假頭發動攻擊，小灰蝶最多也只會損失局部的下翅，反而能趁機脫逃。因此，這些喜歡訪花的小灰蝶還會經常搓動牠們的下翅，讓假頭部位的欺敵效果更加顯著。

3.看產卵

　　大部分蝴蝶習慣散生產卵，一次只在一處地點產下一粒卵，往往在幼蟲食草植物上停留不到一秒鐘便匆匆離去，因此不容易看清楚中、大型蝴蝶產卵的過程。

　　由於小灰蝶體型小，雌蝶經常直接停在幼蟲的食草植物上，如豆科植物和野薑花的花苞，並步行找尋產卵的縫隙或植物芽點，因此特別適合靠近追蹤觀察。

4.看幼蟲習性

　　小灰蝶幼蟲外觀上多為較扁平的橢圓形，部分較特殊的種類身上會分泌蜜露，吸引螞蟻前來覓食，螞蟻則會保護牠們免受其他小型天敵的侵害。

●蘇鐵小灰蝶會在鐵樹嫩芽上徘徊許久，然後產下卵粒。（台北市）

●紫小灰蝶的幼蟲常和螞蟻共生（烏來）

觀察蛺蝶

在以往的分類系統中，蛺蝶科的蝴蝶較少，因此通稱為蛺蝶；但是目前此科依新的分類法已納入斑蝶（參見138頁）、蛇目蝶（參見140頁）和環紋蝶，範圍增大不少。不過本書所指「蛺蝶」則仍是依舊有的分類界定，其共同特色是飛行速度較快，並擅長振翅後在空中滑行。蛺蝶的種類不少，異種間的生態習性有相當大的差異，值得仔細接觸觀察。

蛺蝶小檔案

分類：屬於鱗翅目蛺蝶科蛺蝶亞科、小紫蛺蝶亞科、黃領蛺蝶亞科、細蝶亞科

種數：全世界約有3000多種，台灣已知約有70多種

生活史：卵─幼蟲─蛹─成蟲

觸角：呈棍棒狀

複眼

口器：具有虹吸式口器，不用時可捲曲縮藏。

翅膀：通常下翅邊緣有稜角或呈波浪形。下翅翅脈「中室」部分不完全封閉或開放。

腳：前腳退化，縮在胸前；停棲時只使用中、後腳。

要訣 1. 看外觀特徵

台灣的蛺蝶在外觀、體型上的變化很大，並不容易歸納出明確的共同特徵，唯一一點是，牠們的翅膀邊緣（尤其是下翅）通常會有稜角或呈波浪形。科學鑑定上則是看翅脈結構，其下翅翅脈「中室」為不完全封閉或開放。和其他蛺蝶科的蝴蝶（如斑蝶、蛇目蝶）一樣，蛺蝶的前腳已退化，野外停棲時，只使用後面兩對腳。

標本：♂，展翅寬5.3公分

要訣 2. 解讀生態行為

1.看棲息環境與食性

由於種類的差異度高，因此各種不同蛺蝶的棲息環境和活動地點，往往有很懸殊的變化。例如幼蟲吃食草本植物的種類，經常會停棲在地面或短草叢上；而幼蟲吃食木本植物的種類，則常出現在樹林邊活動。整體而言，蛺蝶喜好在比較向陽的環境活動，有別於蛇目蝶喜歡蔭涼的環境。

不同的蛺蝶也都有特別喜愛吸食的食物，從花蜜、清水、樹液、腐果，到動物糞便、尿液、死屍、垃圾水等都有。

●黃領蛺蝶是低、中海拔山區最愛吸食糞便與死屍的蝴蝶。（南山溪）

2.看幼蟲習性

蛺蝶幼蟲的體色與模樣因種類不同而有極懸殊的變化，若要挑出一個共同的特色，那就是蛺蝶幼蟲身上或頭上，都長有長短、多寡、形狀不一的硬棘、觭角或細刺。雖然模樣看起來頗為嚇

●許多蛺蝶的幼蟲長滿嚇人的硬刺，讓天敵不敢下手。（中和）

人，但是這些幼蟲身上的棘刺都不會造成皮膚過敏或發炎紅腫，大家可以放心的用手去觸摸。

不同的蛺蝶幼蟲所吃食的寄主植物也有差異，例如大戟科、榆科、桑科、豆科、蕁麻科、爵床科、茜草科、忍冬科、堇菜科、玄參科、旋花科……等，各類喬木、灌木、蔓藤或草本植物都成了不同幼蟲的美食。

3.看吊蛹

蛺蝶的蛹和斑蝶、蛇目蝶

●蛺蝶的蛹多半具有良好的保護色。圖為姬黃三線蝶的蛹。（中和）

一樣屬於「吊蛹」。由於牠們體內多半不具毒性，所以蛺蝶的蛹外觀上有較明顯的保護色，褐色或綠色是最常見的兩個色系，有些種類還會演化模仿成枯葉或綠葉的模樣，避免被肉食性天敵發現而遭受傷害。

4.看越冬形態

蛺蝶在台灣各地的越冬形態變化頗大。低海拔常見的蛺蝶很多是以蛹的形態過冬，有的則是成蟲會自行躲在避風的場所過冬，天暖時候才再度出來活動。

有些屬於中海拔一年一代的蝶種，則是幼蟲在秋末便會直接縮藏在避雨的葉片背面，甚至爬下地面，在落葉堆中過冬，隔年春天才繼續回到嫩葉上攝食成長，完成世代交替的一生。

●在寄主葉背靜靜越冬的豹紋蝶幼蟲（永和）

觀察挵蝶

在蝴蝶當中，挵蝶算是屬於較不討喜的一種類型，因為牠們的體型較小，外觀樸素而不起眼，因此不但少獲賞蝶人的青睞，一般人甚至視而不見。然而挵蝶擁有相當獨特的覓食工夫，幼蟲還會製造「葉苞」藏匿，生態行為十分有趣，其實頗值得細細觀察。要注意的是，牠飛行的速度很快，得把握停棲時的觀察良機。

挵蝶小檔案

分類：屬於鱗翅目挵蝶科
種數：全世界約有4000種，台
　　　灣目前約有60多種
生活史：卵－幼蟲－蛹－成蟲

觸角：呈棍棒狀，且末端膨大處尚向外延伸出較尖細的一小段。

口器：具有虹吸式口器，不用時可捲曲縮藏。

複眼

腳：各腳細長。且中、後腳脛節末端大多具有明顯的棘刺。停棲時六腳並用。

翅膀：多數色彩斑紋樸素。停棲時，上、下翅依種類而異，可能閉合、攤平或以不同角度張開。

要訣1.看外觀特徵

挵蝶的外觀通常較樸素，很容易被誤認成蛾類，不過有一個簡便的辨認方法，那就是在晝行性的鱗翅目昆蟲中，具有棍棒狀觸角者，只有挵蝶的觸角末端膨大處尚延伸出一小段較尖細且向外彎曲的部分。

●白挵蝶停棲時習慣將翅膀攤平（埔里）

標本：展翅寬5.2公分

要訣2.解讀生態行為

1.看食性與棲息環境

不同的挵蝶棲息於不同的植物群落間，整體而言，牠們比較偏好在向陽的開闊環境活動，喜歡訪花、吸水，很多種類還特別偏好吸食鳥糞。因此，挵蝶常出現在野外、田園或公園的花卉上；溪邊濕地或石塊的鳥糞上，也常可發現牠們的蹤跡。

2.看獨特的覓食工夫

所有的蝴蝶之中，只有挵蝶特別偏好吸食鳥類糞便。由於野外溪石或路面上的鳥糞很快便會被太陽曬乾，因此許多挵蝶找到乾鳥糞之後，會先排放自己的糞液，將鳥糞浸濕溶解，然後再吸食其中的養分。

3.看幼蟲習

挵蝶的幼蟲外形為較平滑的長筒狀，體色多屬於樸素的淡綠色系，頭部的外觀與斑紋是近似種間的辨識特徵。

挵蝶的幼蟲多以單子

●躲在簡易葉苞中的台灣單帶挵蝶幼蟲（永和）

葉植物葉片為食，例如各類野草和竹葉。最特殊的一點是幼蟲都會吐絲製造躲藏棲身的「葉苞」。然而，在野外見到的鱗翅目幼蟲葉苞，並不全都是挵蝶捲製的，有一個簡單的區分方法是，大部分的挵蝶幼蟲並不吃葉苞中的葉片，也不會將糞便排放在葉苞之中。

4.看帶蛹

成熟的幼蟲一樣在葉苞中蛻皮化蛹，蛹屬於「帶蛹」，直到羽化後成蟲才鑽出葉苞外活動。因此若在野外發現挵蝶幼蟲的葉苞，不但可以找到幼蟲，也有可能找到蛹，所以挵蝶可說是比較容易發現蝶蛹的一類蝴蝶。

●狹翅挵蝶正忙著訪花吸蜜（貢寮）

●對大白紋挵蝶而言，鳥糞是再可口不過的美食了。（綠島）

●葉苞中的玉帶挵蝶蝶蛹（墾丁）

觀察尺蛾

談到尺蛾，大家恐怕相當陌生——雖然牠是鱗翅目中的最大家族，光是台灣就約有八百多種。不過，你可能在卡通影片中見過以牠們的幼蟲「尺蠖」為藍本所創造出來的卡通人物，即鼓起身子、一步一趨向前爬行的毛毛蟲。尺蠖行走的模樣像是在丈量尺寸，尺蛾也是因幼蟲的特性而得名。

尺蛾小檔案	
分類：	屬於鱗翅目尺蛾總科尺蛾科
種數：	全世界約有35000種，台灣已知將近900種
生活史：	卵—幼蟲—蛹—成蟲

觸角：多為絲狀或櫛齒狀

口器：具有發達的虹吸式口器，不用時可捲曲縮藏。

複眼

腳：細長

翅膀：薄而寬大、略呈扁平形；顏色樸素，多為褐色系，斑紋雜亂；停棲時，習慣向兩側攤平，且上翅僅覆蓋局部的下翅。有少數尺蛾的雌蛾翅膀退化，不能飛行。

●尺蛾停棲時，會將翅膀往身體兩側攤平，上翅覆蓋局部的下翅。圖為樹形尺蛾。（鞍馬山）

要訣 1. 看外觀特徵

由於種類繁多，尺蛾的外觀差異很大。但整體而言，多數尺蛾的翅膀顏色樸素，斑紋雜亂，以具有褐色系保護色外觀者最多。此外，尺蛾的體軀較細長，翅膀薄而寬大、外型略呈扁平狀，停棲時，幾乎都習慣將翅膀往身體兩側攤平，而且大部分的尺蛾上翅都只覆蓋局部的下翅。

標本：展翅寬5公分

要訣 2.解讀生態行為

1.看食性

　　尺蛾的口器較發達，花蜜、樹液、腐果或露水，都有不同的尺蛾喜歡吸食。

　　尺蛾大多在夜間活動，在樹幹滲流汁液處或植物花叢間，縱使在夜晚也有機會發現正在覓食的尺蛾。夜行的尺蛾都有趨光的習性，因此山區路燈下常見尺蛾伸長口器在草叢葉面吸飲露水，地面上若有路人丟棄的腐果、果皮，也常吸引牠們前來覓食。有時候，在路燈下進行夜間昆蟲觀察或採集的人身上，偶爾也會發現一、兩隻尺蛾停下來吸食皮膚汗液。

●夜晚停棲在草叢葉面吸食鳥糞汁液的尺蛾（雲南騰沖）

2.看棲息環境與保護色

　　大部分尺蛾是夜行性昆蟲，白天在樹林停棲休息。由於尺蛾體內不含毒性，因此絕大多數均以不起眼的保護色來隱藏行蹤──綠色體色的習慣躲藏在枝叢葉背，而褐色體色的，不論停棲在樹幹上或落葉堆間，也都有極佳的保護色效果。某些種類也會趨光停棲在斑駁的水泥牆或水泥地面，但人們經常視而不見，一不留神，便有可能踩死牠們，這恐怕是保護色的負面效應了。

●連珠鐮翅綠尺蛾具綠色保護色（北橫池端）

●枯葉尺蛾停在落葉堆，不易被發現。（北橫池端）

3.看幼蟲習性

　　尺蛾的幼蟲即俗稱的「尺蠖」，其外觀非常特殊且容易辨認，因一般蝴蝶、蛾幼蟲有五對腹腳，而牠們只有二對，分別位於體末的第八、第十體節。爬行時，牠們會自尾端向前移動，直到弓起腹背後，頭、胸再往前移。大部分幼蟲有極佳的保護色，遇到危險時會挺起前身偽裝成枯枝或綠枝條的模樣來躲避敵害，等一切平靜後，才會恢復原來的活動。

●尺蛾的幼蟲「尺蠖」，遇到危險時，會偽裝成樹枝的模樣。（內雙溪）

觀察天蠶蛾

如果你聽到有人說見過翅膀張開有兩個手掌大的龐然巨蛾時，可別以為遇到了吹牛大王，因為他可能真的目睹了世界上體型最大的鱗翅目昆蟲——皇蛾，而皇蛾就是天蠶蛾家族中的一員。天蠶蛾的種類不算多，但碩大的體型外觀保證讓你一見難忘。

天蠶蛾小檔案

分類：	屬於鱗翅目天蠶蛾總科天蠶蛾科
種數：	全世界約有2300種，台灣已知有16種
生活史：	卵─幼蟲─蛹─成蟲

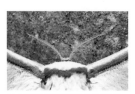

● 雌天蠶蛾的觸角為雙櫛齒狀（北橫巴陵）

口器：成蟲口器退化，● 不攝食。

複眼 ●

● 觸角：雄蛾為發達的羽毛狀，雌蛾則多為雙櫛齒狀。

● 腳：各腳長著密毛叢

● 翅膀：多數種類各翅均有一個明顯的眼紋。

要訣1. 看外觀特徵

天蠶蛾的體型碩大，比較小型的種類展翅寬即可達8至9公分，最大型者甚至達25公分，外觀相當艷麗。天蠶蛾的上翅翅端微微隆起，外緣則稍稍凹入，形成十分優美特殊的弧度。此外，許多天蠶蛾各翅均有一個明顯的眼紋，也是辨識的簡單要訣。

標本：♂·展翅寬8.6公分

要訣 2. 解讀生態行為

1.看活動時間與棲息環境

　　天蠶蛾是標準的夜行性昆蟲，而且大部分過了夜間十點才開始紛紛飛抵路燈下活動。子夜過後，路燈下露重夜凍，其他蛾大多早已靜靜停棲不動，此時，仍可見到幾隻天蠶蛾姍姍來遲。成蟲多棲息於樹林中，由於口器退化，並不攝食任何食物。趨光飛行和雌蟲隨處產卵是較常見的生態。

●雙黑目天蠶蛾受騷擾時會以大眼紋來虛張聲勢（拉拉山）

●黃豹天蠶蛾在午夜時分，靜棲在植物叢間。（貢寮）

2.看驅敵妙方

　　部分天蠶蛾停棲時上翅會遮蓋住下翅的眼紋，但是遇到危急時，則會在瞬間伸張開上翅，讓下翅的眼紋突然顯現。

　　由於天蠶蛾的體型碩大，因此露出眼紋的部位，酷似大型動物的頭部外貌，一般較小型的肉食性小動物很容易受到驚嚇而放棄侵犯牠們的意圖。

3.看幼蟲習性

　　天蠶蛾幼蟲外貌嚇人，多半長滿粉狀肉突與細毛，但不會對人們皮膚造成嚴重傷害。天蠶蛾幼蟲多以木本植物葉片為食，有一些還會對經濟樹種或造園植栽造成傷害。在郊外或山區的校園、公園中，茄苳、楓香樹上都有機會找到天蠶蛾的幼蟲。

●四黑目天蠶蛾幼蟲有駭人的外表（埔里）

4.看蟲繭

　　成熟的幼蟲會在寄主植物枝叢間吐絲結繭，再躲藏其中化蛹。少數還曾被人類大量飼養，再剝繭抽絲作為經濟利用。在台灣加工業鼎盛時期，還有人利用皇蛾的大型蟲繭，加上拉鏈製成小錢包，在許多風景區的攤販展售。

●在郊外的楓香樹叢間經常可見到天蠶蛾的繭（埔里）

觀察天蛾

看過電影《沉默的羔羊》嗎？劇中用來串場的「魔鬼蛾」，其實便是台灣也有的「鬼臉天蛾」；在戶外時，聽過人們突然驚呼看見花叢間的「蜂鳥」嗎？（台灣並沒有蜂鳥）那極可能是一類偏好在晨昏時分訪花的「長喙天蛾」；在山區夜晚的路燈下，可曾見過一隻隻外型酷似噴射機的蛾嗎？那些也全都是天蛾。觀察天蛾其實是激發視覺聯想力的有趣體驗！

天蛾小檔案	
分類：	屬於鱗翅目天蛾總科天蛾科
種數：	全世界近1500種，台灣已知約有90種
生活史：	卵—幼蟲—蛹—成蟲

口器：具有極長的虹吸式口器，不用時可捲曲收藏。

觸角：稍粗，末端漸細，並向外略呈彎鉤狀。

複眼：十分發達

腳：細長

翅膀：上翅狹長，停棲時向身後伸展，整體外觀形成三角形。

●天蛾停棲時酷似蓄勢待發的噴射機。圖為稀有的銀帶白肩天蛾。（南澳神祕湖）

要訣 1. 看外觀特徵

天蛾最簡易的辨識特徵是：牠的上翅翅形狹長、向身後伸展，加上粗肥的腹部，停棲時形成清楚的三角形，酷似一架蓄勢待發的噴射機。此外，牠的複眼發達，口器極長，且觸角末端較細，向外略呈鉤狀彎曲。

標本：展翅寬8公分

要訣 2. 解讀生態行為

1.看活動時間與食性

　　天蛾大部分是夜行性昆蟲，但是也有一些會在日間活動，尤其是晨昏時刻，在花叢附近很容易發現牠們訪花的蹤影。由於天蛾不習慣停棲下來覓食，所以牠們會在花叢前振翅作短時間停留，再伸出極修長的口器到花朵中去吸蜜，不過，由於牠們的行動相當敏捷，單憑肉眼並不容易看清牠們覓食時的姿態。此外，有些天蛾則會以相同的方式在樹幹邊吸食樹液。

　　另外有一個較有趣的生態是，當天氣炎熱時，晝行的天蛾會找到水灘濕地來回不停的向下飛撲、撞擊水面，藉著這個動作吸食沾在捲曲口器中的水液來解渴。

2.看飛行能力

　　天蛾多半擁有強盛的飛行能力，是鱗翅目中最擅長飛行的，不但速度快，而且遷移力強，從平地到中、高海拔均見得到不少優勢種類的行跡。至於喜歡在晨昏時刻外出訪花吸蜜的長喙天蛾類，更能靈活協調上、下翅的振動，以便在空中某個定點短暫盤旋，也能以意志控制位置，在空中前後左右快速移動，無須轉身或掉頭。

3.看幼蟲習性

　　天蛾的幼蟲有一個共通的外觀特徵，那就是不論體型或體色，牠們的體壁都較光亮、無毛，而且在尾端背側會長著一根長短不一的尾突。部分種類在胸部背側尚有明顯的眼紋。

　　各種天蛾幼蟲的食性差異

●體軀光滑，尾端背側有尾突，是天蛾幼蟲的共同特徵。（內雙溪）

頗大，有不少種類以人類的經濟作物作為食物，但由於天蛾幼蟲體型通常碩大無比，驚人的食量往往對人類作物的葉片造成嚴重的傷害，例如：桃、李、梅、葡萄、芋類植物（天南星科）、甘蔗、甘藷、豆類、枇杷……等，都有天蛾的幼蟲會啃食它們的葉片。

4.看化蛹羽化過程

　　天蛾幼蟲並不像天蠶蛾幼蟲一樣擅長吐絲造繭，因此當天蛾的終齡幼蟲成熟之後，一旦排光體內的廢物，牠們會爬離寄主植物枝葉叢來到地面，然後直接鑽入較鬆軟的地表泥土中，擠出一個空間躲藏在其中，靜待蛻變，羽化以後，才又鑽出地面完成生命傳承的大事。

●天蛾幼蟲習慣在地表下或縫隙間化蛹（永和）

●訪花吸蜜中的蘭嶼長喙天蛾，圖上可看出牠擁有極長的口器。（蘭嶼）

觀察裳蛾

裳蛾科是鱗翅目中最大的兩個科之一，這是昆蟲分類系統中一個新近組成的科別，由早年的毒蛾科、燈蛾科與一部分夜蛾科成員合併為一個大家族。這是戶外常見的蛾類，其體型大小、外觀模樣差異懸殊，其中種類較少的擬燈蛾類是分布最廣、數量最多的一群，夜晚喜歡用水銀燈誘集趨光昆蟲的人們，常有機會見到數以千計的一、兩種擬燈蛾趨光聚集的壯觀場面。

裳蛾小檔案	
分類：	屬於鱗翅目夜蛾總科、裳蛾科
種數：	全世界約有30000多種，台灣已知超過850種
生活史：	卵—幼蟲—蛹—成蟲

觸角：絲狀，部分種類雄蟲觸角具短櫛齒之絲狀。（裳蛾類）

口器：具有發達的虹吸式口器，不用時可捲曲縮藏。

複眼

腳

腹部：粗胖

翅膀：上翅多具有良好保護色，不少種類下翅具有鮮明的大塊色斑。停棲時，多數種類上翅完全覆蓋下翅。（裳蛾類）

要訣1.看外觀特徵

裳蛾科種類非常繁多，包括以往分類系統中大家熟悉的部分夜蛾，還有全體的毒蛾、擬燈蛾、鹿子蛾、燈蛾與苔蛾。若僅以早期夜蛾家族裡的裳蛾類而言，體型多為中、大型蛾類，上翅多為顏色樸素、斑紋雜亂的保護色，被低調掩蓋的下翅則常有相當醒目的大型鮮艷色斑。毒蛾種類體型則為中小型，因為身體滿覆可以防身的毒毛，外觀大都鮮艷明亮。

●因身體滿覆可用來自保的毒毛，所以黃毒蛾擁有一身鮮明顯眼的色彩（金門）

標本：展翅寬7.2公分

要訣 2 解讀生態行為

1.看活動時間與食性

　　裳蛾科中無論是裳蛾、毒蛾或擬燈蛾，這些成員幾乎全都是標準的夜行性昆蟲，明亮的夜燈下很容易發現牠們趨光活動的身影。而舊夜蛾科中有約略百種惡名昭彰的貪食蛾被統稱為「吸果夜蛾」，許多種類現在都改隸屬在裳蛾科中，如今不妨改稱牠們為「吸果裳蛾」。多數吸果裳蛾的口器前端堅

●擬燈蛾趨光聚集的壯觀景象（沙里仙林道）

硬且生有鋸刺，能輕易劃破水果果皮吸食汁液，對果農的傷害頗大。相較之下，擬燈蛾雖然也愛吸食發酵果實，不過夜間更容易看見牠們在花叢間流連覓食。

2.看偽裝術

　　大部分裳蛾停棲時外觀十分樸素，具有保護色的隱身作用，其中數種大型種具有令人嘆為觀止的偽裝效果，別說是掠食性動物看了不知道牠們是食物，連人們見了也無法察覺那是一隻會揚翅起飛的昆蟲。

　　例如枯葉裳蛾與鑲落葉裳蛾像極了掉落地面的枯葉子，而艷葉裳蛾則酷似一片植

●沒有張開上翅，一般人很難想像落葉裳蛾有如此色彩濃艷的下翅（金門）

物叢間的大綠葉，這種偽裝欺敵的功夫已達爐火純青。

3.看幼蟲習性

　　常見中大型裳蛾幼蟲的體型相當修長，多數也具有良好保護色，外觀看起來很容易與尺蛾幼蟲混淆不清。其實想要清楚分辨兩者並不困難，尺蛾幼蟲的偽足只有體軀末端2對，裳蛾幼蟲的偽足除體軀末端1對，腹部中段下方另有2～4對偽足。值得特別介紹的是艷葉裳蛾屬的幼蟲，腹部兩側具有俏皮的大眼紋，受到驚嚇時會拱曲前半身把真正的頭部縮藏起來，翹著尾端、露出兇惡瞪人般的大眼紋。

●枯葉裳蛾酷似地面的枯葉子（拉拉山）

●落葉裳蛾幼蟲身體兩側各有一對看似怒目相視的俏皮假眼紋（金門）

觀察燈蛾

許多人總以為蛾類是一群其貌不揚、來無影去無蹤的暗夜幽靈,如果你的腦海中仍存有這種刻板印象,那就大錯特錯了,因為後來併入裳蛾科中的三個亞科(原屬燈蛾科)中,有許多成員甚至比蝴蝶還要艷麗動人,而且當牠停棲時,可任人靠近欣賞而不易被驚動,比賞蝶容易多了。

燈蛾小檔案

分類:屬於鱗翅目夜蛾總科裳蛾科中的燈蛾亞科、苔蛾亞科、鹿子蛾亞科(即早期分類系統中的燈蛾科)

種數:全世界超過15000種,台灣已知約有190種

生活史:卵─幼蟲─蛹─成蟲

● 雄燈蛾的觸角多為櫛齒狀或細羽毛狀(三芝)

● 口器:具有虹吸式口器,不用時可捲曲收藏。

● 複眼

觸角:雄蛾多為櫛齒狀或細羽毛狀,雌蛾則多為絲狀。

● 翅膀:停棲時,苔蛾與燈蛾亞科燈蛾習慣將翅膀向後伸展,上、下翅重疊平鋪;鹿子蛾亞科燈蛾的翅膀則是明顯上大下小,停棲時向兩側伸展。

● 腳

要訣1.看外觀特徵

舊稱燈蛾科的蛾類,包含了裳蛾科中燈蛾亞科、苔蛾亞科與鹿子蛾亞科三個小類。苔蛾與燈蛾停棲時,習慣將翅膀向後伸展,上、下翅重疊平鋪,蓋住腹部,有一些種類的外觀非常美麗,是值得辨識欣賞的一類;鹿子蛾的翅膀則是明顯上大下小,停棲時向兩側伸展,外觀多擬態成蜂類。燈蛾的體型以中型者居多。

● 鹿子蛾外觀多擬態成蜂類。圖為透翅鹿子蛾。(觀霧)

標本:♀,展翅寬8.2公分

要訣 2.解讀生態行為

1.看活動時間與棲息環境

燈蛾都活躍於樹林一帶，但活動時間不一，有的只在白天或夜晚現身，有的則不在乎白晝或夜晚，隨時四處出沒。其艷麗的外觀從生態意義看來，是一種不怕被天敵發現行蹤的「警戒色」，因為一旦牠遭受侵襲，便會散發一股難聞的腥味避敵。

鹿子蛾幾乎都在白天活動，最喜歡在花叢間覓食。不過大部分也有夜行趨光的習性，各處雄蛾、雌蛾受燈光吸引而群聚一堂，在路燈下配對交尾的景象屢見不鮮，是其他蛾類少見的情形。

苔蛾是典型且標準的夜貓子，夜晚都有趨光群聚的習性，有的會飛抵路燈底下，有的會停在路面，有的棲息在草叢、樹叢間，白天則躲藏在樹林枝叢間。某些苔蛾外型酷似「瓜子」，特別容易辨識。

●鹿子蛾夜間趨光交尾的景象屢見不鮮。圖為狹翅鹿子蛾。（內雙溪）

●乳白斑燈蛾一身艷麗，不怕天敵來襲。（東埔）

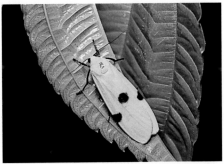
●苔蛾是標準的夜貓子，這隻藍緣苔蛾正在葉背棲息。（北橫池端）

2.看食性

只要是習慣在白晝活動的燈蛾，都和許多蝴蝶一樣，會駐足花叢間訪花吸蜜；夜行趨光的種類則常在植物葉片上吸食露水，偶爾也會在花叢間訪花。

3.看幼蟲習性

燈蛾的幼蟲大多全身滿布細密的長毛，人類誤觸之後皮膚多會紅腫過敏，但毒性遠不及刺蛾、毒蛾和枯葉蛾的幼蟲強。

幼蟲的寄主植物種類繁多，變化差異較大，其中苔蛾幼蟲都以苔蘚類植物為食，因而被稱為苔蛾。

●燈蛾類的幼蟲多半全身布滿細長毛（大屯山）

觀察夜蛾

原本是鱗翅目中最大家族的舊夜蛾科中，有一大部分成員被抽離歸入裳蛾科後，如今的夜蛾科仍是鱗翅目中的第三大科。這是一類戶外相當常見的蛾類，多數種類其貌不揚，很難吸引一般人的注意關心，不過為數不少的優勢種類，牠們的幼蟲可是農林植栽作物的大食客，少數種類甚至是繁殖遍布世界各地的知名大害蟲。

夜蛾小檔案

分類：屬於鱗翅目夜蛾總科夜蛾科
種數：全世界約有20000種，台灣已知超過560種
生活史：卵—幼蟲—蛹—成蟲

口器：具有發達的虹吸式口器，不用時可捲曲縮藏。

觸角：呈絲狀

複眼

腳

腹部：粗胖

翅膀：通常較短窄，且色彩樸素；停棲時，大部分上翅會完全覆蓋下翅。

要訣 1. 看外觀特徵

夜蛾的種類多，外觀差異頗大。體型多屬中型，翅膀相對短窄、腹部較粗胖，停棲時上翅多數完全覆蓋下翅、並在體背兩側斜下呈屋脊狀。整體成員外觀上樸素者居多，但仍不乏有些種類具亮眼的色彩或斑紋。

●夜蛾停棲時，多數上翅會完全覆蓋下翅。圖為粉紅帶散紋夜蛾。（烏來）

標本：展翅寬7公分

要訣 2. 解讀生態行為

1.看食性與棲息環境

　　絕大多數夜蛾科種類屬於夜行性昆蟲，牠們的翅膀短窄，飛行速度極快，剛剛趨光飛抵夜燈的個體，經常不規則疾速旋繞光源碰撞亂竄，堪稱「飛蛾撲火」的最典型代表。由於種類繁多食性差異大，花蜜、樹汁、腐果、清水、夜露、鳥糞、動物尿液、糞便汁液，均有其各自的愛好者。當然也不乏口器退化者，這些不攝食的種類只有在趨光時才較有機會觀察到。

●一般夜蛾幼蟲的體表光滑，部分種類具有稀疏的長毛，然而桃劍紋夜蛾幼蟲則是滿覆粗細、長短、疏密不一的毛叢，外觀完全擬態成有毒的毒蛾幼蟲。（金門）

●圖中只有下左和下中兩段「枯枝」是活生生的蛾類成蟲（新中橫石山）

●這隻拍攝自烈嶼、長相花俏的花夜蛾，目前是全國唯一的觀察紀錄。（烈嶼）

2.看偽裝術

　　多數夜蛾停棲時外觀都具有保護色的隱身作用，其中還有不少種類的外觀，已經演化到能讓人視而不見的超凡境界。例如習慣停棲在雜草枯葉地面的朽木夜蛾與偽小眼夜蛾等，任人怎麼端詳，總還是會認為牠們根本就是地面上一小段枯枝，哪來的夜蛾啊？

3.看幼蟲習性

　　一般常見的夜蛾幼蟲，除了部分種類身上具有稀疏的細毛之外，體壁都比較光滑，常見的雙子葉或單子葉植物葉片上，均有機會發現食性各異的不同種類。全球最惡名昭彰的蔬菜、農作害蟲，當然非夜盜蟲莫屬。所謂的「夜盜蟲」就是夜蛾科夜盜蛾屬的蛾類幼蟲，台灣既有種原本有7種，其中以斜紋夜蛾與甜菜夜蛾的分布最廣、數量最多、危害最嚴重。至於2019年才入侵台灣造成轟動，會嚴重危害玉米作物的秋行軍蟲，牠也是夜盜蛾屬的種類。

●斜紋夜蛾的幼蟲就是危害蔬菜、農作最嚴重的一種夜盜蟲（大膽島）

膜翅目的世界

膜翅目在昆蟲綱中也是一個大家族，成員除了螞蟻以外，其餘均稱為「蜂」類，多半是中、小型的昆蟲。全世界已知約有150000種，台灣目前約有3200種。此目昆蟲外觀上的共同特徵是：多數具有「咀吸式口器」，一對發達的複眼，三枚單眼，二對膜質翅膀，多半擅長飛行。其生活史屬於完全變態。

觀察蟻

螞蟻是和人類關係密切的居家昆蟲，和蚊子、蒼蠅、蟑螂不同的是，牠們是群居的社會性昆蟲，生態行為複雜又有趣。因此，其實觀察昆蟲生態無需遠求，下回在家中見到螞蟻時，先別急著消滅牠們，不妨仔細觀察，將會有不少知性的收穫。

蟻小檔案

分類：屬於膜翅目細腰亞目胡蜂總科蟻科
種數：全世界超過11000種，台灣已知約有280種
生活史：卵—幼蟲—蛹—成蟲

翅膀：繁殖期的雌蟻（包括蟻后）、雄蟻具有二對翅膀，工蟻的翅膀已退化。

●繁殖期的螞蟻具有翅膀（新店）

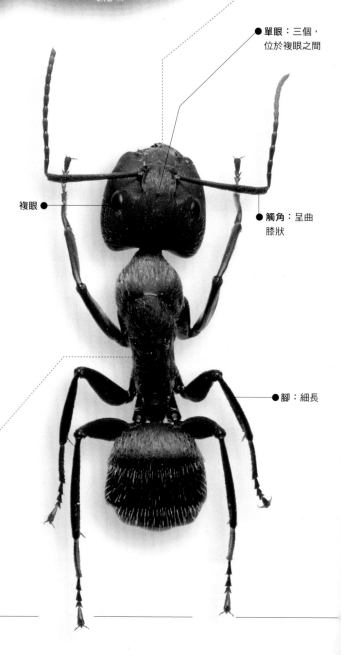

● 口器：具發達的咀嚼式口器

● 單眼：三個，位於複眼之間

複眼 ●

● 觸角：呈曲膝狀

● 腳：細長

標本：體長1.2公分（工蟻）

要訣 1. 看外觀特徵

螞蟻的體型非常小，大部分都不超過一公分。螞蟻雖然屬於「膜翅」目的一員，但平時室內與野外常見的個體均以無翅膀（翅膀退化）的工蟻居多。尺寸迷你的螞蟻卻擁有纖腰、寬腹、凹凸有致的身材；而大大的頭上特殊的曲膝狀觸角也是明顯的特徵。

要訣 2. 解讀生態習性

1. 看食性與棲息環境

螞蟻擁有發達的咀嚼式口器，是最標準的雜食性昆蟲，舉凡花蜜、人類食物中的各種甜食及蛋白質食物，甚至其他昆蟲的屍塊，牠們都照單全收。因此居家室內、戶外的地面、植物叢、樹幹、垃圾堆等處，都能見到四處覓食的螞蟻。

●在野外螞蟻也喜愛成群覓食花蜜（蘭嶼）

●舉尾蟻經常在植物枝叢間造巢（蘭嶼）

2. 看造巢本領

不同種類的螞蟻築巢的位置和材料有很大的變化。有些使用朽木碎屑或落葉，在喬木或灌木枝叢間建造紙巢，並利用幼蟲吐出的絲線增強內襯結構。

另外有不少螞蟻會找尋野外的枯木、枯竹莖或人類居家的縫隙、孔洞營造蟻窩。

還有部分螞蟻擅長挖土掘洞，在地底構築一層層「地下室」，深居其中，人們很難一窺全貌，從地面上只能見到一個個出入孔道，或是成團、成片的塚形土砂堆。

3. 看自衛行為

螞蟻的雌蟲（蟻后、工蟻）尾部多半有由產卵管特化而成的螫針，一旦遭受攻擊，便會以螫針自衛，被螫的疼痛感和遭蜂螫幾乎一樣。很多種類的工蟻螫針已退化，需要禦敵時便會以發達的口器反擊，有些還會分泌蟻酸，使人的皮膚出現紅腫發癢或疼痛的過敏反應。

4. 看社會行為

螞蟻是群居的典型社會性昆蟲，會依階級分工，並共同育幼。除了繁殖期的雄蟻和雌蟻（日後的蟻后）會出巢飛行求偶、交配之外，平時在外拋頭露面的全都是沒有生殖能力的工蟻。

工蟻會在戶外合力獵捕體型比牠們大的昆蟲、搬運笨重的食物，也會近身用觸角互相接觸、傳遞訊息。

假如不小心弄壞了室內的蟻巢，別忘了觀察這些負責任的工蟻，即使在逃命之際，仍不忘將集中的幼蟲、蛹或繭搬到安全隱密的地點，充分顯露出社會性昆蟲的分工本能。

●正在照料蟻繭的棘蟻（桃園）

觀察蜂

台灣野外山區經常有人因慘遭蜂螫而喪命，所以一般人往往聞蜂色變。其實，蜂的生態非常精采豐富，不論是長腳蜂、虎頭蜂、蜜蜂、細腰蜂、寄生蜂、泥壺蜂等，都有各異其趣的生態行為，只要具備一些安全觀察的知識，有機會進行野外觀察時，不僅能減少受螫害的機會，也能從中得到無窮樂趣。

蜂小檔案

分類： 膜翅目昆蟲中，除蟻科成員外，通稱「蜂類」
種數： 全世界約有140000種，台灣已知約有2900種
生活史： 卵－幼蟲－蛹－成蟲

單眼： 三個，位於複眼之間。

觸角： 明顯，多為棍棒狀或曲膝狀。

口器： 具有發達的咀吸式口器，包含咀嚼、舐吮及吸收的綜合功能。

複眼： 頗為發達

翅膀： 透明膜質，翅脈單純，停棲時，上、下翅重疊向身體兩側平展，或局部覆蓋腹部。

腳： 各腳細長；蜜蜂的後腳有花粉籃，具攝粉功能。

螫針： 大部分種類的雌蜂都有，藏於腹部末端。

要訣1.看外觀特徵

蜂類的共同特徵是：具有兩對透明的膜質翅膀，翅脈很單純，停棲時，上、下翅會重疊向身體兩側平展，或局部覆蓋腹部。此外，蜂類的複眼發達，觸角明顯，全身大多滿布長毛，大部分種類的雌蜂尾部還內藏螫針，令人望而生畏。

標本：♀，體長3.6公分（本種為虎頭蜂）

要訣 2.解讀生態行為

1.看食性

蜜蜂和熊蜂喜歡在花叢間訪花吸蜜，也以蜂蜜提供幼蟲成長所需。

細腰蜂擅長狩獵昆蟲或蜘蛛等小動物，並拖入砂質地穴或竹孔巢穴內，作為幼蟲的食物，成蟲則偏好在花叢間訪花吸蜜。

泥壺蜂、蛛蜂與土蜂會將卵產在特定的寄主（鱗翅目幼蟲、蜘蛛等）身上，孵化的幼蟲即以寄主為食。

長腳蜂和虎頭蜂擅長獵食其他昆蟲，以嚼碎的肉泥餵哺巢中的幼蟲，成蟲則會吸食花蜜、樹液或腐果汁液。

●紅腳細腰蜂準備將螽斯拖入洞中（新店）

●紅胸木蜂喜歡在花叢間吸蜜（新店）

2.看築巢行為

不少蜂類是社會性昆蟲，擁有共同棲身的大窩巢，其位置、形式、材料隨種類而異。

野生蜜蜂習慣選擇樹洞、土洞、中空的電線桿、屋簷內縫隙等處，以工蜂分泌的蜂蠟構築隱密的巢穴。

●黃長腳蜂正在照顧初巢中的小幼蟲（新店）

長腳蜂會在野外啃咬樹皮、腐木或落葉，再混合水液，糊成紙質的開放式窩巢，一般築在草叢、樹叢或岩壁下方，建築物中也很常見。

虎頭蜂巢的材質類似長腳蜂的窩巢，但因族群龐大，規模大很多，有的直徑甚至可達一公尺，且為封閉的形式；牠們多半在樹叢或地底築巢，建築物屋簷下也能找到。

3.看自衛行為

姬蜂、長腳蜂、虎頭蜂、蜜蜂、熊蜂、細腰蜂等昆蟲，其雌蜂尾部都具有毒針，這是牠們自衛反擊的最佳武器，但不同類別的攻擊性和危險性各不相同。

以虎頭蜂為例，如果有動物誤闖蜂巢的勢力範圍，負責巡邏守衛的前哨蜂會將牠們視為來犯的敵人進行攻擊，並招引更多蜂群加入禦敵的行列，因此敵人被蜂群攻擊中毒致死的機會很大。

以下三種台灣常見的虎頭蜂經常螫人致死，野外活動時盡可能保持安全距離。

●黑腹虎頭蜂（沙里仙林道）

●黃腳虎頭蜂（北橫大曼）

●台灣大虎頭蜂（埔里）

行動篇

親近牠、更愛牠

　　到野外拜訪昆蟲，除了靜靜在一旁觀察之外，還有其他可以更進一步瞭解昆蟲的途徑：你可以一面仔細觀察，一面做完整的記錄；也可以將採集到的昆蟲帶回家飼養，以便長期觀察其生活史與生態行為；當然，你還可以將昆蟲製作成標本保存下來，以供日後研究與鑑定。

　　以下介紹各種採集昆蟲、飼養昆蟲、製作昆蟲標本、做觀察記錄的方法，只要善加運用，你會更瞭解昆蟲，更懂得珍愛昆蟲。

Q 為什麼要採集昆蟲？

A 站在學術的立場，採集昆蟲是從事昆蟲研究最基礎的一項工作。相同地，一般人從事休閒活動或業餘研究時，無論是為了細部欣賞、分類鑑定、科普教學、飼養觀察等目的，同樣必須藉著採集昆蟲來達成。當然，想要從事昆蟲標本收藏者，採集昆蟲更是必修的學分。

Q 為什麼要飼養昆蟲？

A 飼養昆蟲有以下幾項優點：其一，昆蟲的壽命短，不會發生棄養問題、造成社會負擔；其二，昆蟲不必自國外引進，不慎逃逸，也不會對本土相關物種產生競爭威脅；其三，飼養昆蟲的空間小，容易保持居家衛生；其四，昆蟲種源的取得可以不花費金錢，從野外直接採集即可。更重要一點，由於昆蟲的生活史短且變態情形豐富，無論就生態觀察、科學實驗、基礎生物教學或攝影創作來說，均是最佳的題材。

Q 為什麼要做昆蟲標本？

A 對於一般的業餘昆蟲愛好者來說，製作標本除了可滿足收藏興趣外，由於製作過程中，必須長時間仔細面對昆蟲，因此，鑑定比對的功力也會有所精進。更何況，對於自己無法辨認出種類的昆蟲，如能留下標本，便可請更專精的分類專家來協助鑑定，或乾脆將較難得的標本貢獻給分類專家們，以從事進一步學術的研究與發表。

Q 為什麼要做觀察記錄？

A 根據估計，台灣各地尚未被確認身分的昆蟲可能比已知的種類還多很多，因此每個經常觀察、採集昆蟲的同好，均有機會遇到較稀有或身分未定的種類。假如從事昆蟲生態觀察時，能夠留下完整的觀察記錄，不但可以訓練自己的觀察力與組織力，增進本身的昆蟲相關知識，而且亦可能對新種昆蟲的發現有所貢獻。

Q 採集昆蟲會不會破壞生態？

A 在媒體誤導下，許多人認為，採集昆蟲做標本是破壞生態的行為。然而，大部分的人都吃魚，為什麼少有人自責會破壞魚類生態呢？其間的道理是一樣的。只要我們不剝奪魚類或昆蟲的生存空間，多吃魚和多採集昆蟲並不會造成這些繁殖能力強盛的動物走向滅絕。那麼，今天台灣的昆蟲為什麼會越來越少呢？這是因為台灣人對土地的利用與破壞能力與日俱增，許多野生植物群落接連消失無蹤，植食性昆蟲哪有不變少的道理？於是，肉食性昆蟲、兩棲爬蟲、鳥類也會跟著減少。所以，常吃檳榔、喝高山茶、打高爾夫球、用免洗竹筷的人，對昆蟲生態的破壞，其實還遠遠大於採集昆蟲的人。

如何採集昆蟲？

採集昆蟲前要準備好適用的工具，而其中有不少工具皆可自製，或以現成的物品代用。採集時，數量盡可能減少，保育類昆蟲只做觀察而不採集，這是保護大自然的原則。

採集昆蟲的裝備

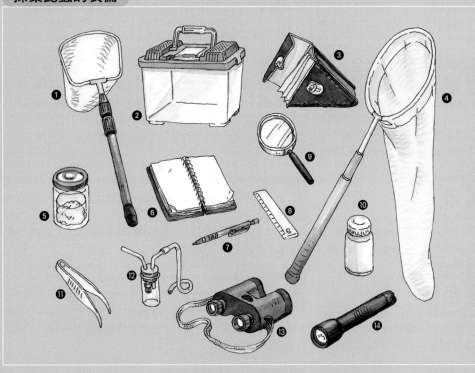

❶水撈網（撈魚用網）：適用於採集各類水棲昆蟲。釣具行或水族店中可以買到大小不等的各式撈魚用魚網。
❷攜帶式小飼養箱：用來攜帶活動力較強的陸棲性昆蟲或各類水棲昆蟲。
❸三角箱與三角紙：用來攜帶蝴蝶、蛾、蜻蜓、豆娘等昆蟲。三角

箱與三角紙皆可購買成品或自製。
❹捕蟲網：適用於採集大部分的陸棲性昆蟲。可購買成品或自製。
❺毒瓶：用來昏迷隨即要製作成標本的各類昆蟲，內置棉花與乙酸乙酯。
❻筆記本
❼筆
❽尺

❾放大鏡：用來尋找微小昆蟲。
❿塑膠瓶罐：用來攜帶活動力較弱的各類陸棲性昆蟲。
⓫鑷子：用來夾取不適合徒手捕捉的昆蟲。
⓬吸蟲管：用來吸取體型微小的昆蟲。可購買成品或自製。
⓭望遠鏡：用來尋找遠處昆蟲。
⓮手電筒：用來尋找夜行性昆蟲。

166

■如何自製捕蟲網？

捕蟲網是採集陸棲性昆蟲不可或缺的工具。其網口要大，桿子最好可以伸縮長度，如此即使是採集高處、遠處的昆蟲也很便利。

● 材料：粗鐵絲或細藤條、半透明的細目耐龍網布、可伸縮的桿棒（長約二至三公尺，可使用釣魚桿改裝）

● 做法：
①將粗鐵絲或細藤條圈成網框，網口直徑約40至60公分。
②將細目耐龍網布縫成袋狀，網袋長度約網口直徑的二倍。縫好的網袋固定在網框上。
③將伸縮網桿與網框接合固定即成。

● 備註：亦可改裝釣具店所售的最大型撈魚網，保留網框、網桿，換上細目網布即可。

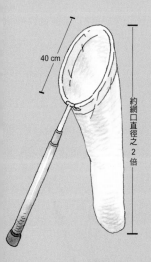

40 cm

約網口直徑之2倍

■如何自製吸蟲管？

碰到體型微小的昆蟲，不管是徒手捕捉或使用鑷子採集都很不順手，此時，吸蟲管便成為最方便的工具。

● 材料：細長的小玻璃瓶、軟木塞、橡皮軟管、半透明網布、玻璃管

● 做法：
①小玻璃瓶口塞上軟木塞，打兩個洞。
②取二根玻璃管，其中一根的一邊管口處綁上由二、三層網布相疊而成的隔網。
③將兩根玻璃管插穿軟木塞（有隔網的一端在瓶中）。
④吸蟲的一端接上橡皮軟管。

● 備註：隔網必不可免，否則會將小蟲子吸入口中。

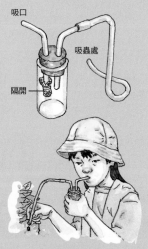

吸口

吸蟲處

隔開

吸蟲管使用法

■如何自製三角紙？

三角紙可防止蝴蝶、蛾類翅膀上的鱗片脫落，也可以保護蜻蜓、豆娘薄而脆弱的翅膀，是採集前述幾類昆蟲後，不可或缺的盛裝工具。

● 材料：10cm×15cm半透明光滑描圖紙（可依昆蟲尺寸調整紙張大小）

● 做法：依以下圖解步驟折疊完成即可。

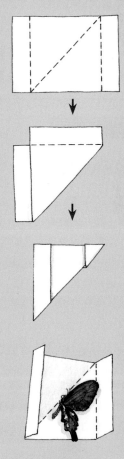

三角紙使用法

167

直接捕捉法

【採集對象】

對一些沒有危險性而且反應較不靈敏的昆蟲，徒手直接捕捉是最方便、最快速的方法，像是：象鼻蟲、獨角仙、金龜子、等都適用。其他如：鍬形蟲、天牛、放屁蟲、步行蟲、埋葬蟲等甲蟲，以及蝴蝶、蛾的幼蟲，和不擅長飛行的椿象，只要掌握以下小訣竅，亦可直接捕捉。

【採集方法】

●**採集鍬形蟲、天牛**：牠們的大顎會咬人，最好以食指、姆指從前胸背板或翅鞘前端兩側捕捉，手指較不容易被牠們的腳攀住，而遭其反身咬傷。萬一被鍬形蟲咬住手指，千萬別試圖用力拔開，只要放手一段時間，牠們便會自動鬆開大顎。若隨身有攜帶打火機，試著點火燙牠們的尾端，可以加速其鬆開大顎。

●**採集蝴蝶、蛾的幼蟲**：部分身上長有細毛或棘刺的蛾幼蟲，不宜用手直接碰觸，以防過敏起泡。假如要採集不熟悉的種類，可以連同牠們棲息的植物枝葉一起摘下，再收入攜帶的容器中。

●**採集椿象、放屁蟲、步行蟲、埋葬蟲**：這些昆蟲在被捕捉時，都會利用身上特殊的異味或腺液來防身，不想弄得滿手惡臭的人，可以直接用小塑膠罐盛裝採集，或以鑷子來夾取。

掃網採集法

【採集對象】

適用於採集飛行中的昆蟲，或是駐留在花叢上訪花的蝴蝶、蛾、蜂、蠅，或是停棲在草叢間的蝗蟲、螽斯等。

這些昆蟲的反應比較靈敏，一旦受到驚嚇，通常會立刻四處飛竄，因此，捕捉範圍大、機動性強的捕蟲網是此時最有效的工具。

【採集方法】

將捕蟲網網口對準目標，迅速一揮，待昆蟲進入網中後，順勢把網子底部在網口處繞一圈，那麼被掃入網中的昆蟲便無法逃離出去。

收取在網中的蝴蝶或蛾，若是為了製作標本，那麼應立即用手指輕壓胸部將其捏暈，以免牠們在網中掙扎過久而傷及翅膀或鱗片斑紋；若採集的蝴蝶、蛾只是為了觀察，或想要帶回家中飼養、進行人工採卵，就千萬不要捏其身體或腳，而要用手指抓取上翅中央，因為翅膀鱗片脫落或部分翅膀受損並不會影響牠們的活動，但若是腳受傷，則無法正常活動、甚至覓食或停棲休息。

其餘昆蟲可用手直接從捕蟲網取出，或是用鑷子來夾取，或用吸蟲管來吸取。

承網採集法

【採集對象】

　　很多停棲在花叢或枝葉叢間的鞘翅目甲蟲，在遭到驚動時，慣用裝死、向下掉落的方式來避敵，假若使用掃網採集法，反而容易讓牠們逃脫，因此這類昆蟲須用承網的方式採集。

　　適用的昆蟲包括：鍬形蟲、金龜子、天牛、象鼻蟲、吉丁蟲、叩頭蟲、瓢蟲、金花蟲等甲蟲。

【採集方法】

　　將捕蟲網的網口朝上，慢慢靠近停有甲蟲的花叢或枝葉叢，再以網框輕輕震動植物的枝條，原本停在網口上方的甲蟲便會立即裝死，而自動掉入捕蟲網中。

　　使用承網採集法最關鍵的要訣是，震動枝條的力量要適中，避免因用力過猛，使停在鄰近花叢或枝叢上的甲蟲也受到驚嚇而掉落。

叩網採集法

【採集對象】

　　部分會利用保護色棲息在樹叢間的天牛，在枝叢受到輕微震動時，不但不會立即六腳一縮、向下掉落，反而會用腳將枝叢攀得更緊，因此，必須讓牠們受到非常劇烈的震動，才能夠將牠們自枝叢間嚇落。此時，便要使用稍不同於承網採集法的叩網採集法。

【採集方法】

　　利用細竹桿撐起大塊白布，或是將捕蟲網放在枯枝叢下方，然後以棍子猛力敲擊可能有天牛躲藏棲息的地方，受到驚嚇的天牛便會掉落白布上或捕蟲網中。

罩網採集法

【採集對象】

　　停在地面覓食或休息的**蝴蝶、蜂、蜻蜓或豆娘**等較敏感的昆蟲，並不適合用掃網法採集，因為使用此方法，網框容易碰觸到地面或石塊雜物，以致無法精準地將這些昆蟲掃入網中，此時最適合使用罩網採集法。

【採集方法】

　　先輕緩地接近這些昆蟲，然後將網口朝下、罩在目標上方，迅速將網框貼緊地面，同時拉高網底的部位。

　　此時，受到驚嚇的昆蟲會本能地向上方飛竄，最後，便深陷在最高點的網底之中。將網底纏繞網框之後，即可伸手進入網中取出昆蟲。

水撈網採集法

【採集對象】

一般能夠直接目視找到的水棲昆蟲，可以使用水撈網直接撈取採集。

未能立即發現行蹤的水棲昆蟲，通常躲藏在水生植物叢間、水底的爛泥或砂石堆中。可依據現場水域的環境，選擇以下兩種不同的採集法。

【採集方法】

●**採集靜水環境的昆蟲**：生活在池沼、水塘或緩流水域中的水棲昆蟲，可以用水撈網直接對著水生植物叢或水底爛泥來回撈動，幾回之後，再檢視網中有沒有已經入網的水棲昆蟲。

●**採集流水環境的昆蟲**：生活在流速較急的溪流或山溝中的水棲昆蟲，可將水撈網網口朝上游方向置入水中，接著雙腳站在網口前方、不停踢動水底砂石，受到驚動而游起的水棲昆蟲便會被順流沖入網中。

夜間燈光誘集法

【採集對象】

適用於各種會趨光的夜行性昆蟲。尤其是趨光的甲蟲，更是許多蟲迷的最愛。

【採集方法】

●**目視尋法**：夜晚在山區的住家窗櫺邊、水銀路燈下，或光源附近的路面、草叢上，都能用手電筒找到許多夜行趨光的昆蟲。可以依照種類的不同，以徒手、捕蟲網、鑷子或塑膠瓶罐來採集。

但是，千萬記得，別試圖以長網或長桿去採集停在高壓電線附近的趨光昆蟲，以免發生觸電的意外事件。

●**打樹驚蟲法**：許多夜晚飛行趨光的甲蟲會停棲、攀附在路燈旁的枝葉叢中，即使用手電筒照明，仍無法一一找到牠們的行蹤，此時，就必須採用類似叩網的採集法——猛力敲打路燈旁的樹叢，那些受到驚嚇的甲蟲便會紛紛掉落地面或草叢，順著掉落的聲音找去，常會有意外的驚喜與收穫。

●**自製光源誘集法**：在一些沒有路燈照明的原始林區，有著更豐富的昆蟲資源，所以也會有更稀有、罕見的夜行性昆蟲。想要有更多收穫的行家，通常會採用自製光源誘集法來採集。

可利用自備的小型發電機與水銀燈（或黑燈管），在中海拔的原始林旁自製夜間的光源，同時，在燈光旁撐起一塊大型白布，趨光而來的昆蟲即會停在白布上休息，有的也會停在燈光附近的地面上或草叢間。蟲況很好的時候，白布上甚至會停滿了蛾類和其他的夜行性昆蟲。

食物誘集法

【採集對象】

● 喜歡吸食樹液的昆蟲：金龜子、鍬形蟲、虎頭蜂及部分蛺蝶等。

● 喜好吸水的蝴蝶：鳳蝶、粉蝶、小灰蝶等。

● 腐食性昆蟲：埋葬蟲、糞金龜及部分蛺蝶、蛇目蝶等。

【採集方法】

● 腐果誘集法：喜歡吸食樹液的昆蟲，一樣也偏好吸食腐果的汁液。人類的經濟作物中，腐熟的鳳梨或香蕉是用來誘集這些昆蟲的最理想誘餌。

外出採集昆蟲時，可以事先準備腐熟發酵的鳳梨或香蕉，擺在樹林旁的蔭涼空地上、插在樹木的枯枝條尖端，或是擺入樹幹的樹洞中，一段時間後，常會吸引一些昆蟲前來覓食。

● 尿液誘集法：假如在原本已有蝴蝶駐足吸水的潮濕砂地上灑下一大片尿水，那麼，發臭的尿騷味不但會吸引更多蝴蝶匯集、享受尿水大餐，而且駐足覓食的蝶群也比平常不敏感，特別適合靠近觀察或採集。

● 汗液誘集法：有濃烈汗臭味的衣物、背包、鞋襪或手套，在山區也常可吸引一些蝴蝶循味前來吸食汗液。在野外活動時，記得多留意這些隨機的昆蟲採集機會。

● 逐臭法：由於食性的差異，有些昆蟲特別偏好動物死屍、腐肉或糞便。當然，一般人不便、也無須將這些有惡臭的誘餌帶在身邊，不過在野外採集昆蟲時，多少有機會遇到或嗅到動物的死屍或糞便，如果能暫時忍耐撲鼻的惡臭，循味找去，那麼，應該也會有不錯的採集成果。

陷阱採集法

【採集對象】

部分不擅長飛行又不趨光的步行蟲，除了偶爾會在林道路面上發現牠們爬行的蹤影外，平時少有採集機會，因此，有需要時不妨設下小陷阱來採集。

【採集方法】

將保特瓶空瓶上方三分之一部分切除，再將剩下的三分之二埋在樹林地下，使開口處與地面等高，那麼終日在樹林中四處疾行的步行蟲，便可能不小心跌入空瓶中而無法脫困。只要把每個空瓶的位置記錄下來，每隔三至五日去巡視一下，也許，還可能捕獲特別美麗而罕見的種類呢！

不過，記得要在瓶底打些小洞，以免因下雨積水而淹死陷阱中的小昆蟲。假如能夠在陷阱空瓶中放入一些腐果或腐肉，或許採集的成果會更理想。

類似的狀況也可能發生在山路邊坡的水泥排水溝中。在山區採集昆蟲時，經常巡視路旁的排水溝，偶爾也會找到步行蟲或鍬形蟲等甲蟲。

如何飼養昆蟲？

昆蟲的生活史短且變化大，非常適合作為飼養觀察的對象。只要掌握以下所列的基本訣竅，一有疑惑就勤查圖鑑資料或詢問有經驗者，當然還得配合愛心、耐心……，小小的昆蟲世界一定會帶給你無窮的樂趣。

飼養昆蟲的基本要訣

【要訣一：挑選適合的種類】

許多喜歡抓蟲的朋友，常把野外採集到的每一種昆蟲都帶回家，但過沒多久即全軍覆沒。探究其原因，除了可能是飼養方式不正確以外，沒有慎選採集種類也是很重要的因素。

那麼，究竟哪些種類的昆蟲適合飼養呢？

●敏感度差、活動力弱的昆蟲：鍬形蟲、獨角仙及蝴蝶、蛾的幼蟲等都是理想的飼養對象。相對的，蝴蝶、蜻蜓的成蟲敏感又擅長飛行，除非有空間相當大的網室，或是專程為了帶雌蟲回去進行人工採卵，否則並不適合採集回家飼養。

●食物取得容易或有替代性人工食餌的昆蟲：一般鳥店即可買到的麵包蟲（偽步行蟲的幼蟲）便是很好的例子，因為牠屬於雜食性昆蟲，舉凡麵包、朽木、腐葉、飯粒、麵粉等，都可以當作牠們的食物，較方便準備。相對的，蟬除了敏感度高以外，通常必須在其自由意願下，以口器刺入植物的莖幹中吸食樹液維生，因此並不適合一般大眾採集飼養。

●成蟲繁殖力強而容易累代繁殖的昆蟲：蟋蟀、螳螂、麵包蟲、家蠶蛾等都十分理想，因為牠們很容易在人工環境中產卵。飼養牠們的成蟲，還有機會繁殖出下一代來。

【要訣二：布置適當的棲息環境】

昆蟲棲息在各式各樣的環境，因此，飼養容器或飼養空間的布置，要盡量符合昆蟲的自然生態條件，才能提高牠們的存活率或存活時間。

【要訣三：提供水分與適合的食物】

不同的昆蟲喜好不同的食物，最好在確認昆蟲的身分後，盡可能提供正確的食草或食餌。另外，有些昆蟲特別需要水分，可以在飼養箱底層鋪上潮濕腐土，或以噴霧罐直接在蟲體上噴水來提供水分。

飼養蝴蝶或蛾

【如何取得種源？】

● 採集幼蟲：直接採集野外植物叢間的幼蟲。

● 採集雌蟲、再人工採卵：採集蛾的雌蟲後，只要用塑膠袋裝著，不久，不少種類便會在塑膠袋中產下卵粒，即可用人工採卵、等待孵化。部分蝴蝶的雌蟲也可以依類似方法來採卵，但塑膠袋中必須置入幼蟲的食草植物葉片，雌蝶才有意願產卵；此外，還可以將雌蝶以網子罩在野外或家中所種植的幼蟲食草植物葉叢間，雌蝶產卵的意願會更高。

【如何布置環境？】

● 用透明塑膠盒飼養：類似養蠶寶寶的方式，但蝴蝶、蛾的幼蟲最好單隻隔離飼養，只要直接將食草植物葉片投入透明塑膠盒（如冰淇淋盒、保鮮盒）即可。不要用紙盒，也不必在盒蓋上打滿小洞，只要不是完全封閉、不透氣的容器即可，不必擔心這些幼蟲無法呼吸，如此，植物葉片才不會迅速脫水乾燥而無法食用。每天勤於清除糞便就能防止葉片發霉。採回的葉片可以像蔬菜般，存放在冰箱保鮮。

● 用食草植物盆栽飼養：若家中種有食草植物盆栽，蝴蝶、蛾的幼蟲便可直接在盆栽葉叢間自由活動、攝食成長，這是最佳的飼養方法。盆栽必須放在室內，以防止鳥類等天敵捕捉。此外，若要防止幼蟲走失，可以用大網子罩住整個盆栽枝葉叢，或將盆栽置於網箱中，直到幼蟲化蛹或結繭為止。

● 用剪回的食草植物飼養：為了防止葉片枯萎，最好將剪自野外的食草植物插在水瓶中，把幼蟲飼養於葉叢間。最好將靠近瓶口的部分，用棉花塞住，以防止幼蟲爬下、跌入水中淹死，並在外圍罩上網子，或是將水瓶連同幼蟲的食草枝條放入小型的網箱中。

【餵什麼食物？】

首先要確認採集回來的蝴蝶或蛾幼蟲的身分，並且確認牠們的食草植物，然後餵養該植物的葉片。有關蝴蝶或蛾幼蟲的確認與食草植物的資訊，請參考相關昆蟲圖鑑或其他鱗翅目分類圖鑑。

飼養鍬形蟲、獨角仙或金龜子

【如何取得種源？】

●採集柑橘樹等樹幹上吸食樹液的個體
●採集夜晚趨光的個體

【如何布置環境？】

●以小水族箱或塑膠飼養箱飼養：箱內放入數塊潮濕的大型枯木，並鋪上腐植土。同種的雌雄個體可以養在一起，但數量不要太多。

腐植土要每隔數天噴一次水，以保持適當濕度。成蟲死亡後，不要改變布置的環境，因為雌鍬形蟲可能已在枯木中產卵，而雌獨角仙和雌金龜子也可能已在腐植土中產卵，倘若照顧得當，隔年會有下一代羽化為成蟲。

【成蟲餵什麼食物？】

切片的蘋果、梨子等水果均可。

【幼蟲餵什麼食物？】

●鍬形蟲幼蟲：以朽木纖維為食。牠們會在枯朽的樹木莖幹中鑽洞，啃食碎屑，所以必須留意補充新的朽木莖幹。

●獨角仙或金龜子的幼蟲：均以腐植土中豐富的腐植質為食物，因此幼蟲會在箱中的腐土底層活動成長。若腐植土的體積縮小、變得密實，則表示大部分的腐植質已被消化吸收，此時應補充許多腐葉、朽木屑，或換上新鮮肥沃的腐植土。

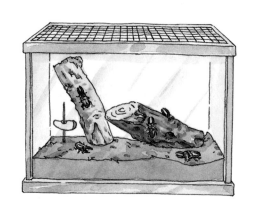

飼養瓢蟲

【如何取得種源？】

至野外有蚜蟲繁殖的植物叢，即很容易採集到肉食性瓢蟲的成蟲或幼蟲。

【如何布置環境？】

●用盆栽飼養：這是最理想的飼養方式。只要將家中長有蚜蟲的盆栽植物以網罩包起來，把肉食性瓢蟲或其幼蟲放置其中，任其取食蚜蟲即可。

●用剪回的植物枝條飼養：將剪自野外、長有蚜蟲的植物枝條連同葉片插入水瓶中，將肉食性瓢蟲或其幼蟲放置其間，任其取食蚜蟲。但必須以網罩罩住（或以透明塑膠容器倒扣其上，上方打洞，以利透氣），以免蟲子走失。

【餵什麼食物？】

蚜蟲是其主食。但以插花方式布置飼養時，蚜蟲的數量可能不足瓢蟲整個生活史過程所需，因此，必須每隔一段時間到戶外採集蚜蟲回來補給。

【注意事項】

以上為肉食性瓢蟲的飼養方法。若是飼養植食性瓢蟲，則可參考蝴蝶、蛾幼蟲之飼養方式（見171頁），必須事先查閱圖鑑，確認其正確的食草植物。

飼養螳螂

【如何取得種源？】

不管成蟲或若蟲，都需透過野外採集。

【如何布置環境？】

● **用水族箱或大飼養箱飼養**：箱底不一定要有腐植土，只要在箱中多放置一些枯枝條，以利螳螂自由攀爬棲身即可。

【餵什麼食物？】

● **其他活蟲**：螳螂是肉食性昆蟲，而且習慣捕食活蟲，因此，可另外採集蝗蟲、蟋蟀放入飼養箱中，讓螳螂自由捕食。

● **麵包蟲**：也可從鳥店購買麵包蟲作為螳螂的活餌料，若螳螂不方便自箱底捕食細長的麵包蟲時，也可以用鑷子夾取一條麵包蟲直接靠近螳螂口器來餵食，或用細線綁上一條麵包蟲，在螳螂面前懸空晃動，假如螳螂肚子餓，通常會直接伸出前腳夾住食餌，再慢慢咀嚼啃食。

【注意事項】

螳螂食物中的水分可能不敷所需，每天應以噴霧器對螳螂噴一次水，補充水分。

飼養蟋蟀

【如何取得種源？】

● **在戶外循聲採集**：日夜均可，但夜間較多。
● **利用夜間找尋趨光個體**
● **以灌蟋蟀方式取得**

【如何布置環境？】

● **利用水族箱飼養**：在水族箱中裝入至少六至七公分厚的腐植土，再放置一些落葉、樹皮、切開的底片罐等，以利

蟋蟀棲身躲藏，也可種一些菜苗、豆苗等小植物在其中。記得必須常噴水，保持腐植土的潮濕。採集到的同一種類可以全部混養在一起，但由於雌蟲的繁殖力甚強，因此雌蟲一至二隻即可。雌蟲會在腐植土中產卵，一個多星期後，箱中便會陸續孵出許多新的小蟋蟀。

【餵什麼食物？】

蟋蟀是食性最廣的直翅目昆蟲，像是家中方便取得的蔬菜、花生、豆苗、豆芽、魚飼料、狗飼料、豆干、餅干等皆可，能夠提供動、植物混合性食物更好。口渴時，蟋蟀會直接在潮濕的泥土上吸食水液，或每天以噴霧罐向這些昆蟲噴一些水液，牠們即可補充水分，活得久些。

【注意事項】

其他直翅目昆蟲如：蝗蟲、螽斯、螻蛄等，均可以相同的方式來布置飼養環境，但比較挑食的種類，則必須為牠們準備適合的食物。

飼養水棲昆蟲

【如何取得種源？】

以水撈網在棲息水域中採集。種類可能包括：蜻蜓、豆娘水薑及紅娘華、負子蟲、龍蝨等。

【如何布置環境？】

●利用水族箱飼養：依飼養種類的不同，布置環境時要注意以下訣竅。

若飼養的水棲昆蟲為蜻蜓或豆娘水薑，則必須安排挺出水面的水生植物、枯枝條、石塊等，以利水薑成熟時爬出水面外蛻殼羽化為成蟲。

若飼養龍蝨幼蟲或紅娘華，水深不宜過深，水族箱中必須有露出水面外的泥土區，以利龍蝨幼蟲爬出化蛹或紅娘華雌蟲產卵。

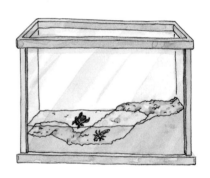

此外，若飼養的水棲昆蟲是溪流性種類，則必須在水族箱中安置打氣或流水設備，以提供較高的溶氧水質。

【餵什麼食物？】

由於蜻蜓或豆娘水薑、紅娘華、負子蟲、龍蝨等水棲昆蟲均屬於肉食性昆蟲，因此，飼養密度不宜過高，要放入數量充足的大肚魚、蝌蚪等食餌，以利牠們自由捕食，才不會發生彼此互相捕食的情形。

如何製作昆蟲標本？

標本製作可使昆蟲的形體長存，有助於日後進一步的研究。不同類型的昆蟲有不同的製作方法，但共同的原則是，必須保持蟲體各個部分的完整、美觀，色彩最好也盡可能維持原樣。

製作標本的工具

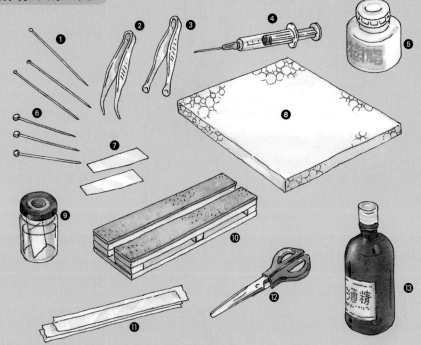

❶昆蟲針：用來固定蟲體位置，分00、0、1至5號，數字越大針越粗。

❷尖鑷子：用來調整身體細部。

❸扁平鑷子：展翅時用來調整翅膀。

❹注射針筒：用來軟化標本。

❺白膠

❻長珠針：展翅時用來固定展翅條或標本身體。

❼白色卡紙：做小型乾燥標本的台紙。

❽保麗龍板：用來固定蟲體。

❾標本瓶：用來裝浸泡的標本。

❿展翅板：以軟木製成，用來伸展昆蟲翅膀。

⓫半透明展翅條：將描圖紙剪成條狀，用來協助固定伸展的翅膀。

⓬剪刀

⓭95%酒精：小型標本浸泡液。

展腳不展翅標本製作法

【適用昆蟲】

所有鞘翅目昆蟲。

【步驟】

●軟化：剛死亡不久的甲蟲，因肢體關節尚未硬化，可直接製作標本。若是死亡多日、蟲體已硬化，則可以用高溫開水浸泡，約一小時左右，肢體關節與觸角就會軟化，即可取出拭乾，準備製作。

●插針：選擇粗細適合的昆蟲針，自甲蟲右邊翅鞘的

上方、靠近左右翅鞘接合處，垂直插入，並使昆蟲針在翅鞘上方留存一公分左右，再垂直插入保麗龍板中，直到甲蟲腹側貼緊保麗龍板為止。

●展腳：先分別以二根長珠針將甲蟲的頭、尾兩端固定在保麗龍板上，使其不會旋轉搖晃。接著以尖鑷子夾著各腳安置在適當的位置，並用長珠針將腳固定在保麗龍板上。

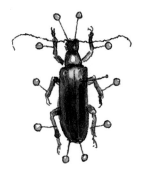

●調整並固定觸角、口器等部位：依相同方法，用尖鑷子慢慢將身體其他部位調整到最適當、最美觀的角

度，再以長珠針固定。

●建立資料檔：用固定格式的小紙條，寫上此標本的採集地、採集日期、種名、採集者姓名等詳細資料後，留存在標本旁，避免與其他標本資料混淆。

採集地：三芝
採集日期：1995年9月3日
·柑橘褐胸天牛·
採集者：張永仁

●乾燥：完成製作手續的標本，連同保麗龍板放置在通風乾燥處（注意要防止螞蟻接近），約三、四週後，標本就會自然乾燥。利用太陽、檯燈、烤箱來烘烤，可縮短標本乾燥的時間。

●典藏：完全乾燥的標本，姿勢會固定不變，只要拔掉所有長珠針，將標本小心取離保麗龍板，即可插上記錄資料紙，然後收藏在有防蟲蛀設施的標本箱中。

【注意事項】

螽斯、蝗蟲、蟋蟀、蟬、螳螂、竹節蟲、椿象、蜂等昆蟲，亦可用此方法製作展腳不展翅的標本。但因這些昆蟲死後的蟲體不適合再重新軟化，所以最好在蟲體尚未硬化前製作標本。

展翅不展腳標本製作法

【適用昆蟲】

蝴蝶、蛾。

【步驟】

●軟化：若是已經硬化的標本，可用濕棉花或濕衛生紙包住標本的胸部與觸角，然後放在密封的小塑膠盒中，大約半日即可軟化僵硬的翅膀與觸角；以熱水燙觸角也可以立即軟化。另外，以注射針筒從胸部中央末端注入幾次熱開水，可以迅速軟化翅基的肌肉。

●插針：選擇粗細適中的昆蟲針，自蝴蝶、蛾的胸部背側正中央垂直插入，上方留存約一公分的針頭。

接著，將針尖對準展翅板縱溝中央垂直插入，整根昆

蟲針盡量和展翅板垂直。

●展翅：先將標本向昆蟲針下方移降，使翅膀基部的高度比兩側展翅板板面略高約0.5公釐。以展翅條將標本左、右翅平壓在展翅板上，再以長珠針固定展翅條。

接著，以扁平鑷子夾著其中一片上翅向上伸展，直到上翅下緣線與展翅板縱溝呈90°垂直，再沿著上翅外側插上長珠針，用來壓緊翅膀、防止再度向下縮回；也可以用00號昆蟲針針尖，沿著上翅翅脈挑起上翅，移到展翅的正確位置。完成這個步驟後，再以相同方法將另

一邊的上翅固定在相對的角度與位置。

然後，以相同方法將下翅也向上移，而且下翅中央線約與上翅下緣直線呈45°角，同樣以長珠針壓緊固定。

最後，將標本向下輕壓，使翅膀基部貼緊展翅板板面，完成展翅步驟。

●調整觸角與腹部的角度與位置：利用長珠針將標本的觸角調整至左右對稱，並利用長珠針將下垂的腹部撐起，使其水平懸空在展翅板縱溝中央。

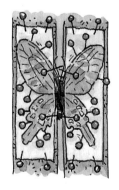

●建立資料檔、●乾燥、●典藏：和展腳不展翅標本製作法相同。

展腳、展翅標本製作法

【適用昆蟲】

蜻蜓、豆娘、蟬、蜂等。

【步驟】

●插針：若標本為蜻蜓、豆娘，插針在胸部背側中央，其他標本則插針於胸部背側中央偏右，昆蟲針在上方留存約一公分，接著插入保麗龍板中，使標本腹側貼緊保麗龍板。

●展腳：以前述鞘翅目昆蟲的展腳方法，用長珠針將各腳固定在適當位置，使其左右對稱。

●展翅：以二片和標本胸部厚度等高的保麗龍板固定在標本左右兩側，再以類似前述鱗翅目昆蟲的展翅方法，將各翅膀以展翅條和長珠針插壓固定。

●調整觸角與腹部的角度與位置、●建立資料檔、●乾燥、●典藏：和展翅不展腳標本製作法相同。

小型昆蟲的標本製作法

【適用昆蟲】

展翅、插針不易的小型昆蟲（體長小於一公分）。如瓢蟲、金花蟲等。

【方法】

●製作乾燥標本：可以用一小長條白色厚卡紙當作「台紙」，直接將小標本以白膠黏在台紙的一端，再以昆蟲針插上台紙另一端，等標本自然乾燥即可。

●製作浸泡標本：不適合或不容易製作乾燥標本的昆蟲幼蟲或小型昆蟲，則可以在採集之初，便以95％濃度的酒精浸泡，事後收藏在能完全密封的標本瓶中。

如何做觀察記錄？

觀察是為了更了解昆蟲，做觀察記錄，則可將經驗與成果累積保存下來，與觀察本身同樣重要。下面介紹四種觀察記錄的方法，大家可以自由選擇使用。當然，你也可以發展出自己獨特的觀察記錄法。

文字描述記錄法

從事昆蟲戶外觀察時，不妨將觀察到的昆蟲外觀特徵或生態行為，在現場以文字描述的方法予以記錄，筆法不拘，但內容越詳實，其日後的參考價值越高。

【記錄範例】

統計調查記錄法

若要針對某一地區或某一條路線步道的整體昆蟲或某類特定昆蟲，進行全面性、全年度族群分布與消長情形的記錄時，最好運用統計調查的方式，先製作多份固定的表格，每次調查時，即可迅速填寫、勾選記錄。

【記錄範例】

蝴蝶生態調查表

日期：86 年 6 月 19 日　　地區：烏來紅河谷
時間：9：00 起 15：00 止　（路線）＿＿＿＿＿
天氣狀況：晴天＿＿＿＿　填表人：張永仁

種類名稱	出現地點		數量		覓食情形		求偶	交配	產卵	佔地盤	其他	備註
			♂	♀								
黑挺蝶	✓		一			✓						吸食鳥糞
鳥鴉鳳蝶	✓	✓	T	一	✓							
紅邊黃小灰蝶	✓	✓	T	一	✓							展翅日光浴
紫單帶蛺蝶		✓	一								✓	
大鳳蝶	✓	✓	F	T	✓				✓	✓		卵產於柑橘樹
單帶蛺蝶	✓		T								✓	爭戰
白條斑蔭蝶		✓	一			✓						

繪圖記錄法

擅長繪圖的朋友在從事昆蟲生態觀察時，除了文字記錄外，不妨再配合手繪圖，將行程中環境的差異與昆蟲的分布情形簡要描繪下來，印象特別深刻的昆蟲與其特殊的生態行為，也可用素描的方式予以「特寫」記錄。

【記錄範例】

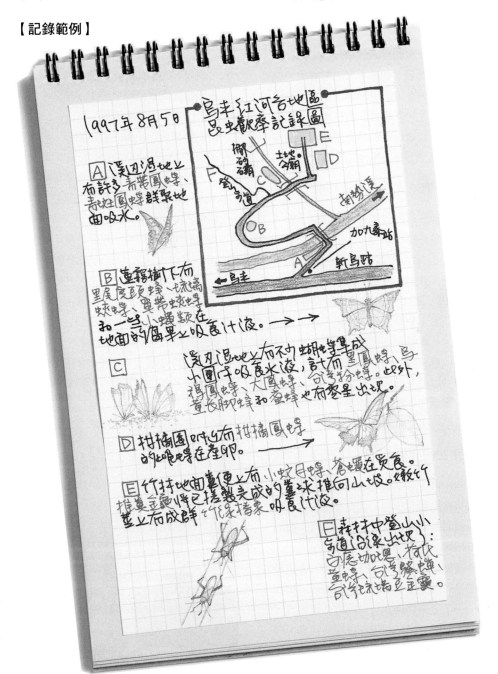

攝影記錄法

將戶外觀察的昆蟲種類或生態，以錄影、攝影的方式留下記錄，是不喜歡採集標本者，為了日後從事種類鑑定的一種替代性變通做法，只要將照片或影片拿給從事相關昆蟲分類的專家鑑定，大部分應可辨認出來。而且，拍攝下來的記錄，不論是日後欣賞觀摩或教學演講，也全都派得上用場。因此，昆蟲攝影的技術，是從事相關研究工作者或是自然科學教師，工作上如虎添翼的重要技能。

【使用手機或入門級數位相機】

一般業餘的昆蟲研究者，若是以手機或入門級數位相機拍攝中、大型常見昆蟲，大致上沒有太大困難。只要注意兩個重點：第一，在對焦清楚的範圍內，盡可能靠近主題，這樣就能拍攝到較清楚的特寫。第二，不論是拍攝照片或影片（尤其是錄影），盡量使用三腳架固定手機或數位相機，避免因晃動而影像模糊。此外，如果想拍攝體型微小的昆蟲，可以購買簡易的近攝鏡片（即放大鏡片），銜接在手機或數位相機的鏡頭前方。

【使用單眼相機】

用照相機從事平面昆蟲攝影時，困難度比家用錄影機高一些。首先必須使用可以更換鏡頭的單眼相機才適宜，因為一般的傻瓜相機很難拍出較佳的效果。

●**選擇近距攝影的鏡頭**：使用的鏡頭最好都是有近距攝影功能的特寫鏡頭，例如200mm的近距長鏡頭可以用來拍攝蝴蝶、蜻蜓、豆娘、蜂、蟬等較敏感的昆蟲。50至60mm的近距標準鏡頭可以用來拍攝比較不敏感的中、大型昆蟲。假如想要拍攝螞蟻、蚜蟲等微小昆蟲的特寫時，除了大倍率的近距鏡頭外，還必須在鏡頭與相機間加接近攝環，以增加近攝放大的倍率。

●**小光圈、慢快門**：一般從事昆蟲平面攝影最常發生的兩個難題是，拍得不夠大，和無法全身都拍得清楚。想要拍得夠大，只要利用前面介紹的適當鏡頭配備，盡量慢慢靠近被攝體來拍攝，應該都能夠取得自己滿意的拍攝構圖。

但如果靠太近拍攝的近距攝影，整個畫面前後清楚的範圍往往會很短（景深很短），於是，若被攝體是一隻小昆蟲，很容易產生頭部清楚、身體其他部分都模糊的結果。

為了解決這個缺失，最好使用小光圈來拍攝，畫面上前後清楚的範圍會增加許多。但如果是以自然光拍攝，光圈縮小還必須使用慢快門，於是又容易因相機微震造成畫面模糊。所以，使用閃光燈來當作光源，是可以兩全其美的辦法。

●**運用閃光燈**：本書的攝影作品拍攝的過程中，多會使用閃光燈，原因倒不是現場的光線很暗，而是近距離拍攝下，閃光燈的光量非常充足，可以縮小光圈來增加景深，以盡量使被攝的昆蟲能夠全身都清楚。然而，使用閃光燈攝影時，控制光量的強弱也是一門學問，否則常會產生曝光過度或曝光不足的情況。建議使用較新型的電子程式相機系統，配合全自動的TTL閃光燈，拍攝作品曝光不正常的現象自然會減少很多。

至於其他較深入或較專業的攝影問題，請自行參考坊間的攝影書籍。

【昆蟲生態調查表】

昆蟲生態調查表適合針對特定地區（或路線）的整體昆蟲或特定種類昆蟲，進行長期、全面的調查。需要時，可將下面的空白表放大影印使用。

由於表格中昆蟲的出現地點與覓食情形會因調查主題不同而有差異，請依實際情況自行填寫。

記錄方法請參看第180頁。

生態調查表

日期：＿＿年＿＿月＿＿日　　　地區：＿＿＿＿＿＿＿＿

時間：＿＿＿＿起＿＿＿＿止　　（路線）＿＿＿＿＿＿＿＿

天氣狀況：＿＿＿＿＿＿＿＿　　填表人：＿＿＿＿＿＿＿＿

種類名稱	出現地點				數量		覓食情形				生態行為					備註
					♂	♀					求偶	交配	產卵	佔地盤	其他	

【推薦參考書目】

《午茶昆蟲學》⋯⋯⋯⋯⋯⋯⋯⋯⋯⋯⋯⋯⋯⋯⋯⋯ 朱耀沂著，玉山社

《台灣的竹節蟲》⋯⋯⋯⋯⋯⋯⋯⋯⋯⋯⋯⋯⋯⋯⋯ 黃世富著，大樹文化

《台灣社會性昆蟲》⋯⋯⋯⋯⋯⋯⋯⋯⋯⋯⋯⋯ 石達愷著，自然科學博物館

《台灣昆蟲教室》⋯⋯⋯⋯⋯⋯⋯⋯⋯⋯⋯⋯⋯⋯ 朱耀沂著，天下文化

《台灣昆蟲學史話》⋯⋯⋯⋯⋯⋯⋯⋯⋯⋯⋯⋯⋯⋯ 朱耀沂著，玉山社

《台灣蚜蟲誌》⋯⋯⋯⋯⋯⋯⋯⋯⋯⋯⋯⋯⋯⋯ 陶家駒著，省立博物館

《台灣產金花蟲科圖誌》1-3 ⋯⋯⋯ 李奇峰、鄭興宗等著，四獸山昆蟲相調查網

《台灣蛾類圖說》1-5 ⋯⋯⋯⋯⋯⋯⋯⋯⋯⋯⋯ 張保信著，省立博物館

《台灣蝶類生態大圖鑑》⋯⋯⋯⋯⋯⋯⋯⋯⋯⋯ 演野榮次著，牛頓出版社

《台灣蝶圖鑑》1-3 ⋯⋯⋯⋯⋯⋯⋯⋯⋯⋯⋯ 徐堉峰著，國立鳳凰谷鳥園

《台灣蝴蝶大圖鑑》⋯⋯⋯⋯⋯⋯⋯⋯ 林春吉、蘇錦平著，綠世界工作室

《台灣蝴蝶食草與蜜源》⋯⋯⋯⋯⋯⋯⋯⋯⋯ 林春吉著，綠世界出版社

《台灣賞螢地圖》 ⋯⋯⋯⋯⋯⋯⋯⋯ 何健鎔、朱建昇著，晨星出版有限公司

《台灣賞蟲記》⋯⋯⋯⋯⋯⋯⋯⋯⋯⋯⋯ 張永仁著，晨星出版有限公司

《台灣賞蟬圖鑑》⋯⋯⋯⋯⋯⋯⋯⋯⋯⋯⋯⋯⋯ 陳振祥著，大樹文化

《台灣螢火蟲生態導覽》⋯⋯⋯⋯⋯⋯⋯⋯⋯ 陳燦榮著，田野影像出版社

《地樓蟋蟀與棲所保育》⋯⋯⋯⋯⋯⋯⋯ 楊正澤著，台灣省政府農林廳等

《李淳陽昆蟲記》⋯⋯⋯⋯⋯⋯⋯⋯⋯ 李淳陽著，遠流出版股份有限公司

《昆蟲世界奇觀》⋯⋯⋯⋯⋯⋯⋯⋯⋯⋯⋯ 李淳陽著，白雲出版社

《昆蟲記》1-8 ⋯⋯⋯⋯⋯⋯⋯ 法布爾原著，奧本大三郎編寫，東方出版社

《昆蟲學》（上、中）⋯⋯⋯⋯⋯⋯⋯⋯⋯ 貢穀紳著，中興大學農學院

《昆蟲知識》⋯⋯⋯⋯⋯⋯⋯⋯⋯⋯⋯ 王林瑤等著，商務印書館（香港）

《金色島嶼的六足精靈》（上、下）⋯⋯⋯⋯⋯ 張永仁著，金門國家公園

《烈嶼昆蟲生物資源》⋯⋯⋯⋯⋯⋯⋯⋯⋯⋯ 張永仁著，金門國家公園

《植食性金龜》 ⋯⋯⋯⋯⋯⋯ 余清金、小林裕和、朱耀沂著，木生昆蟲有限公司

《椿象》⋯⋯⋯⋯⋯⋯⋯⋯⋯⋯⋯⋯⋯⋯⋯⋯⋯ 何健鎔著，親親文化

《椿象圖鑑》⋯⋯⋯⋯⋯⋯⋯⋯ 鄭勝仲、林義祥著，晨星出版有限公司

《新版台灣的天牛》⋯⋯⋯⋯⋯ 余清金、奈良一、朱耀沂著，木生昆蟲有限公司

《蜻蛉篇》⋯⋯⋯⋯⋯⋯⋯⋯⋯⋯ 張永仁、汪良仲著，陽明山國家公園

《認識台灣的昆蟲》【胡蜂科、蜾蠃科】⋯⋯⋯⋯⋯ 山根正氣著，淑馨出版社

《賞蝶篇》⋯⋯⋯⋯⋯⋯⋯⋯⋯⋯⋯⋯⋯ 張永仁著，陽明山國家公園

《蝴蝶100》⋯⋯⋯⋯⋯⋯⋯⋯⋯⋯⋯ 張永仁著，遠流出版股份有限公司

《蝴蝶生活史圖鑑》⋯⋯⋯⋯⋯⋯ 呂至堅、陳建仁著，晨星出版有限公司

《蝴蝶食草圖鑑》⋯⋯⋯⋯⋯⋯⋯ 林柏昌、林有義著，晨星出版有限公司

《鍬形蟲54》⋯⋯⋯⋯⋯⋯⋯⋯⋯⋯⋯ 張永仁著，遠流出版股份有限公司

《螳螂的私密生活》⋯⋯⋯⋯⋯⋯⋯⋯⋯⋯⋯ 黃仕傑著，天下文化

《糞金龜的世界》⋯⋯⋯⋯⋯⋯⋯⋯⋯⋯⋯⋯ 陳克敏著，貓頭鷹文化

《瓢蟲圖鑑》⋯⋯⋯⋯⋯⋯⋯⋯ 林義祥、虞國躍著，晨星出版有限公司

《瘦臺灣 蟲癭指南》⋯⋯⋯⋯ 董景生、楊曼妙主編，行政院農業委員會林務局

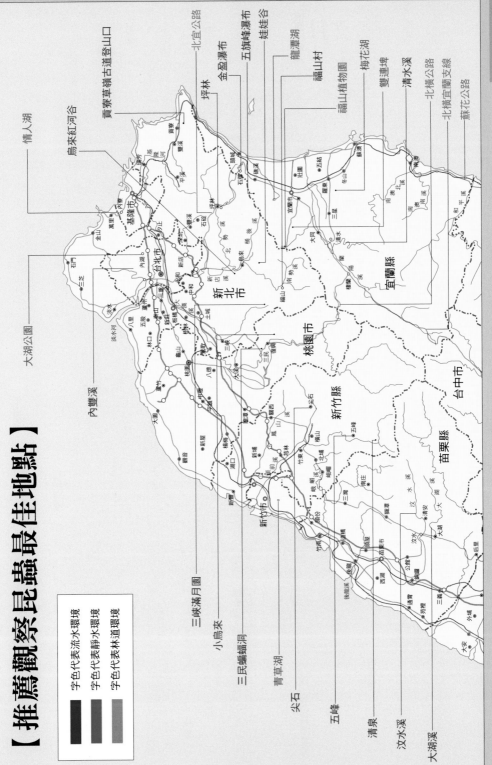

【推薦觀察昆蟲最佳地點】

字色代表流水環境

字色代表靜水環境

字色代表林道環境

情人湖

烏來紅河谷

貢寮草嶺古道登山口

北宜公路

坪林

金盈瀑布

五旗峰瀑布

娃娃谷

龍潭湖

福山山村

福山植物園

梅花湖

雙連埤

清水溪

北橫公路

北橫宜蘭支線

蘇花公路

大湖公園

內雙溪

宜蘭縣

桃園市

新北市

台中市

新竹縣

苗栗縣

三峽滿月園

小烏來

三民蝙蝠洞

青草湖

尖石

五峰

清泉

汶水溪

大湖溪

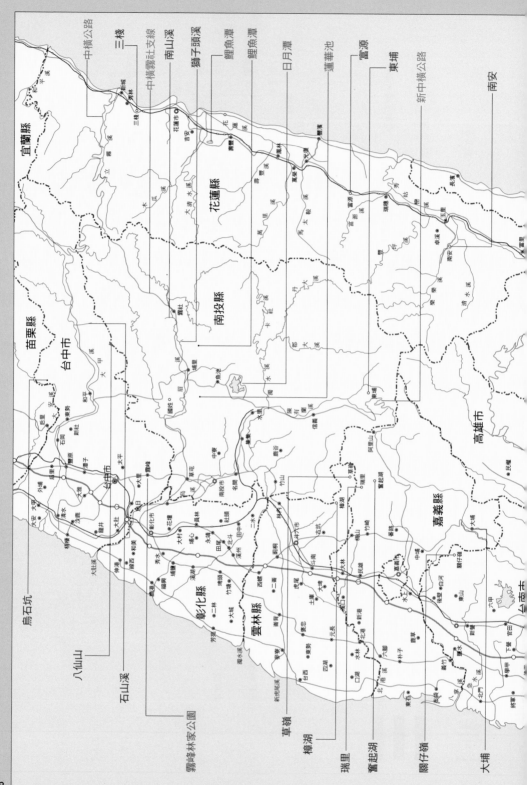

烏石坑

八仙山

石山溪

霧峰林家公園

樟湖

瑞里

奮起湖

關仔嶺

大埔

中橫公路

三棧

中橫霧社支線

南山溪

獅子頭溪

鯉魚潭

鯉魚潭

日月潭

蓮華池

富源

東埔

新中橫公路

南安

宜蘭縣

苗栗縣

台中市

花蓮縣

南投縣

彰化縣

雲林縣

嘉義縣

高雄市

台南市

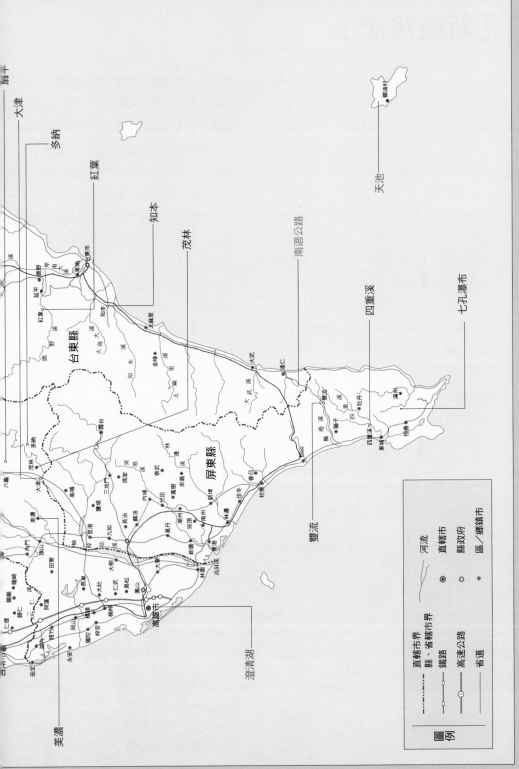

【新版後記】

1997年在好友涂淑芳小姐的引薦下，與遠流出版公司有了首度的出版合作計畫。原本只打算撰寫一本昆蟲圖鑑，於是依事先的盤算，利用昆蟲蟄伏的秋冬時節，按照進度，完成圖鑑的撰稿工作。當初心想，交稿之後，又可以投身山林郊野和各式蟲子打交道。始料未及的，由於與編輯部默契十足，雙方合作愉快、效率高，緊接著又接手了《昆蟲入門》的執筆工作，因而在野外昆蟲活躍的旺季，只得久蟄斗室努力爬格子。那是筆者和昆蟲相戀十多年後，第一次嚐到長達一年沒有昆蟲作伴的痛苦滋味。

話雖如此，當年看見《昆蟲入門》完整的編輯成果，心中覺得雖犧牲了一年與蟲為伍的時光，但這輩子倒也無怨無悔了。因為在自己的出版經驗與一向的認知中，一本書的作者往往身兼採購與伙伕，讀者能不能吃到好菜得憑造化，然而《昆蟲入門》這本書卻絕不是筆者的單獨創作。在那半年左右的撰稿期間，生平第一次不斷被逼著上市場去選購五花八門的菜色，而遠流台灣館的編輯們，則是一群最專業的廚師，在他們的巧手之下，最後烹調出一道道色香味俱全的精緻佳餚。在此，再次向台灣館的諸多夥伴們獻上最深的敬意與謝意。當然，也要特別感謝涂淑芳小姐的「牽成」。

1998年《昆蟲入門》與《昆蟲圖鑑》連袂發行，上市後的佳評出乎預期，也因此開啟了與遠流長期合作的契機。除了推出數個系列的昆蟲書籍，更嘗試野花主題的出版。

一轉眼，二十餘年歲月更迭消逝，書中部分昆蟲的分類現況，在學術界已有大幅更新變動。例如：當年大概想像不到，白蟻和蟑螂竟然是近親，所以舊分類系統中白蟻所隸屬的等翅目，如今完全併入蟑螂

的蜚蠊目中。適逢遠流「觀察家」系列進行改版，與時俱進，本書內容也做了相對即時的修改更動。

　　值得特別一提的是，早在二十多年前《昆蟲入門》上市之初，編輯部與我曾多次接到反應，不少讀者首次翻到第94、95跨頁時，瞬間尖叫、將手中書籍拋飛。很多人難以克服心中對蟑螂的恐懼，亦無法接受近距離目睹書中斗大且活靈活現的蟑螂標本照片。因此，有人用釘書機封鎖整個跨頁，甚至有人索性以膠水讓牠們從這本書消失。為了不再有類似遺憾，新版中，我設法借到台灣最美的蟑螂「帶紋紺蠊」，應能將衝擊降到最低。特此感謝黃冠瑋先生提供美麗的帶紋紺蠊標本。另外，新版增列介紹了一個鱗翅目新組成的裳蛾科，感謝吳士緯先生提

作者近影

供了裳蛾的標本照片。

　　此外，當年羅錦吉與徐渙之兩位先生在昆蟲銷聲匿跡的季節中，適時提供了《昆蟲入門》撰稿所需部分短缺的昆蟲標本；而台大植物所高美芳小姐提供台灣林相的資料，亦在此一併致謝。

　　不少人以為，在山野間和昆蟲為伍是件辛苦的差事，筆者卻深深不以為然，倒也不是擁有「捨我其誰」的偉大情操，而是個人的確從中獲得了極大的樂趣，因而能不計代價地堅持至今；而且深深覺得，能將工作與興趣相結合，真是上輩子修得的福氣。

張永仁

【圖片來源】 (數目為頁碼)

●封面　陳春惠設計、陳輝明標本攝影
●扉頁　鄭雅玲繪圖
●全書生態照片　張永仁攝影
●全書昆蟲標本除特別標記外　張永仁提供、陳輝明攝影
●94標本　黃冠瑋提供、張永仁攝影
●154標本、攝影　吳士緯

●14、15、18、19、21、25上、25左下、26、27、31、36、37、40、42、46、49、77、79、96、115、138、140、144、184　黃崑謀繪圖
●59、60、61、62、64、65、66、68、69、70、72、73、74　徐偉斌繪圖
●76、187、188、189地圖　陳春惠製作
●164、165、166、167、168、169、171、172、173、174、175、176、177、178、179　高鵬翔繪圖

國家圖書館出版品預行編目 (CIP) 資料

昆蟲觀察入門/張永仁撰文.生態攝影.–初版.--
　臺北市：遠流出版事業股份有限公司,2022.04
　　面；　公分
ISBN 978-957-32-9485-6（平裝）

1.CST: 昆蟲 2.CST: 動物圖鑑 3.CST: 臺灣

387.7133　　　　　　　　　　　　111002824

昆蟲觀察入門

作者／張永仁

編輯製作／台灣館
總編輯／黃靜宜
原版執行編輯／陳杏秋
新版執行編輯／蔡昀臻
新版編輯協力／張詩薇
原版美術設計／唐亞陽
新版美術設計／陳春惠
新版美術協力／丘銳致
行銷企劃／沈嘉悅

發行人／王榮文
發行單位／遠流出版社事業股份有限公司
地址／ 104005 台北市中山北路一段 11 號 13 樓
電話／（02）2571-0297　傳真／（02）2571-0197　劃撥帳號／0189456-1
著作權顧問／蕭雄淋律師
輸出印刷／中原造像股份有限公司
□ 2022 年 4 月 1 日 新版一刷
□ 2023 年 11 月 25 日 新版二刷

定價 500 元（缺頁或破損的書，請寄回更換）
ylib 遠流博識網　http://www.ylib.com　Email: ylib@ylib.com

【本書為《昆蟲入門》之修訂新版，原版於 1998 年出版】

螳螂目（螳螂）

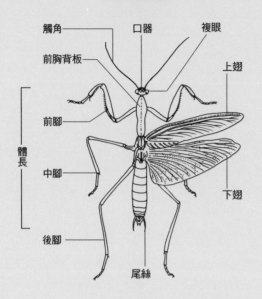

- 觸角
- 口器
- 複眼
- 前胸背板
- 上翅
- 前腳
- 體長
- 中腳
- 下翅
- 後腳
- 尾絲

膜翅目（蜂）

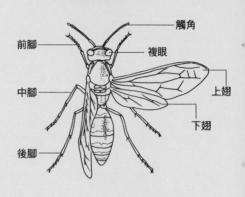

- 觸角
- 前腳
- 複眼
- 中腳
- 上翅
- 下翅
- 後腳

蜚蠊目（蟑螂）

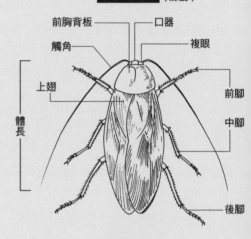

- 前胸背板
- 口器
- 觸角
- 複眼
- 上翅
- 前腳
- 體長
- 中腳
- 後腳

鱗翅目（蝴蝶）

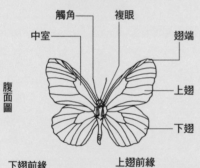

- 觸角
- 複眼
- 中室
- 翅端
- 腹面圖
- 上翅
- 下翅

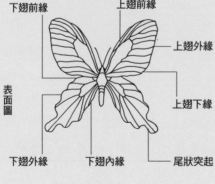

- 下翅前緣
- 上翅前緣
- 上翅外緣
- 表面圖
- 上翅下緣
- 下翅外緣
- 下翅內緣
- 尾狀突起
- 展翅寬

直翅目（蝗蟲）

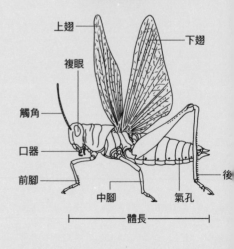

- 上翅
- 下翅
- 複眼
- 觸角
- 口器
- 前腳
- 中腳
- 氣孔
- 後腳
- 體長

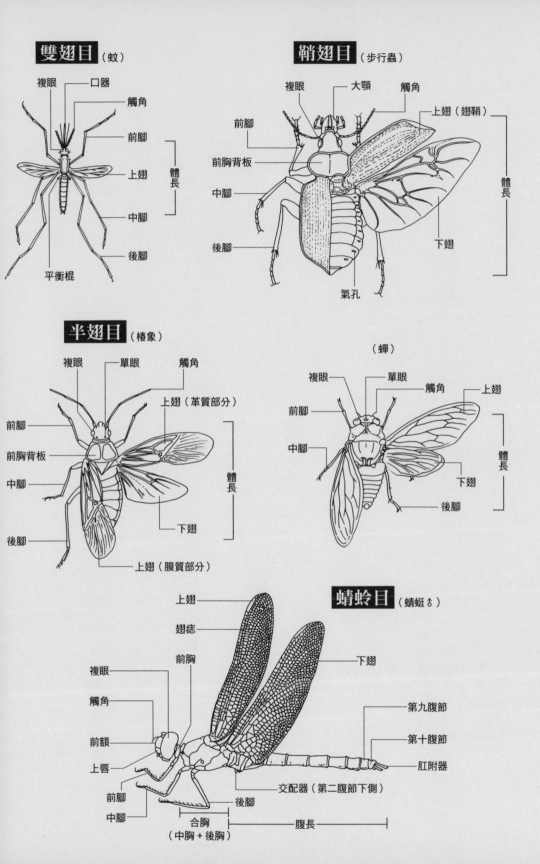

雙翅目（蚊）

- 複眼
- 口器
- 觸角
- 前腳
- 上翅
- 中腳
- 後腳
- 平衡棍
- 體長

鞘翅目（步行蟲）

- 複眼
- 大顎
- 觸角
- 前腳
- 前胸背板
- 中腳
- 後腳
- 上翅（翅鞘）
- 下翅
- 氣孔
- 體長

半翅目（椿象）

- 複眼
- 單眼
- 觸角
- 上翅（革質部分）
- 前腳
- 前胸背板
- 中腳
- 後腳
- 下翅
- 上翅（膜質部分）
- 體長

（蟬）

- 複眼
- 單眼
- 觸角
- 上翅
- 前腳
- 中腳
- 下翅
- 後腳
- 體長

蜻蛉目（蜻蜓♂）

- 上翅
- 翅痣
- 下翅
- 前胸
- 複眼
- 觸角
- 前額
- 上唇
- 第九腹節
- 第十腹節
- 肛附器
- 前腳
- 中腳
- 後腳
- 交配器（第二腹節下側）
- 合胸（中胸＋後胸）
- 腹長